新疆县级综合气象观测业务指导丛书

农业气象观测业务指导手册

郭凤娟　孙志于　主编

气象出版社
China Meteorological Press

内容简介

本书从棉花、玉米、小麦、畜牧观测等几个方面介绍了各类观测种类的发育期测定、生长量测定、产量结构分析、观测流程及田间工作记载；对土壤水分测定、农业气象灾害观测、各类观测种类的软件应用、报表制作、应急处置及自动土壤水分观测进行了详细阐述，并针对自动土壤水分观测仪常见故障进行了详细的分析。手册结合新疆县级综合气象观测业务运行实际，对新疆农业气象观测业务具有很强的指导性，适合农业气象观测业务人员阅读参考。

图书在版编目（CIP）数据

农业气象观测业务指导手册 / 郭凤娟，孙志于主编.
北京 ： 气象出版社，2024. 11. -- ISBN 978-7-5029
-8374-1

Ⅰ. S163-62

中国国家版本馆 CIP 数据核字第 2024YX5288 号

农业气象观测业务指导手册

NONGYE QIXIANG GUANCE YEWU ZHIDAO SHOUCE

出版发行：气象出版社
地　　址：北京市海淀区中关村南大街 46 号　　**邮政编码**：100081
电　　话：010-68407112(总编室)　010-68408042(发行部)
网　　址：http://www.qxcbs.com　　**E-mail**：qxcbs@cma.gov.cn
责任编辑：胡育峰　张玥滢　　**终　　审**：张　斌
责任校对：张硕杰　　**责任技编**：赵相宁
封面设计：艺点设计
印　　刷：北京中石油彩色印刷有限责任公司
开　　本：787 mm×1092 mm　1/16　　**印　　张**：6
字　　数：135 千字
版　　次：2024 年 11 月第 1 版　　**印　　次**：2024 年 11 月第 1 次印刷
定　　价：30.00 元

“新疆县级综合气象观测业务指导丛书”
总编委会

《农业气象观测业务指导手册》编委会

丛书序

新疆维吾尔自治区(简称新疆)位于欧亚大陆腹地、祖国西北边陲,面积 166.49 万 km^2,占中国国土总面积的六分之一,是中国气象事业和世界天气监测网的重要组成部分。新疆自然地貌独特,境内山脉、盆地相间,地势高差悬殊;冰山、沙漠、草原、河流错落,自然环境迥异,是气象灾害及其次生灾害的频发、重发区,也是我国主要天气系统的上游区。因此,做好新疆气象工作对新疆乃至全国的经济社会发展、防灾减灾、生态环境建设等都具有十分重要的意义。

近年来,在中国气象局的大力支持下,新疆气象部门建成了自动观测站 3000 余个、天气雷达 42 部,进一步完善了卫星、垂直探测、大气成分等新型观测设备站网布局,提高了观测自动化和智能化水平,陆空天一体化协同高效的精密监测系统已初步形成。为提升新疆综合气象观测业务质量,充分发挥新型观测装备效益,新疆维吾尔自治区气象局深入贯彻落实习近平总书记关于气象工作重要指示精神,以《气象高质量发展纲要(2022—2035 年)》为行动指南,聚焦精密监测,加快推进气象科技能力现代化和社会服务现代化,重点围绕业务、技术和县级综合气象业务人员队伍建设等,研讨发展思路和创新经验做法,组织编写了"新疆县级综合气象观测业务指导丛书"(以下简称丛书),对新疆气象综合观测业务系统进行了一次全面梳理。丛书在结合国内外先进气象观测技术和经验的基础上,充分考虑了新疆综合气象观测业务特点和实际需求,通过大量典型案例分析,帮助一线业务人员更好更快地理解业务知识,掌握操作技能,解决日常业务工作中遇到的问题。丛书内容丰富、条理清晰、实用性强,对新疆综合观测业务具有很强的指导意义和参考价值。

"新疆县级综合气象观测业务指导丛书"是新疆全体综合气象观测工作人员智慧与汗水的结晶,凝聚了众多综合气象观测领域一线业务骨干和技术专家的心血。衷心希望丛书能帮助广大一线综合气象观测业务人员和科研人员提高业务水平与科研能力,为提升新疆综合气象观测业务质量、培养一线观测人才发挥积极作用。

新疆维吾尔自治区气象局党组副书记、局长 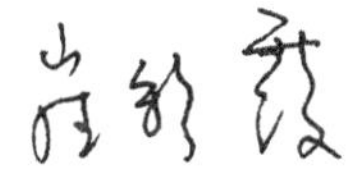

2024 年 8 月

丛书前言

气象监测系统是气象工作的基础，是气象事业的立业之基、立足之本，是预报精准、服务精细的支柱，是气象防灾减灾第一道防线的前哨。为贯彻落实《气象高质量发展纲要（2022—2035 年）》，推进气象科技能力现代化和社会服务现代化，新疆维吾尔自治区气象局全力提升综合气象观测能力和水平，初步形成以国家天气、气候及气候变化、专业气象和空间气象观测网为基础的陆空天一体化协同高效的精密监测系统。面对新型气象业务技术体制改革的新形势，新疆维吾尔自治区气象局组织区、地、县三级业务技术骨干精心编写“新疆县级综合气象观测业务指导丛书”（以下简称丛书）。丛书旨在全力保障综合气象观测业务长期稳定运行，推动新疆维吾尔自治区综合气象观测高质量发展。

丛书由地面气象观测、高空气象观测、天气雷达与气象卫星观测、大气成分观测、农业气象观测 5 部分组成，内容涵盖新疆综合气象观测业务各个方面。《地面气象观测业务指导手册》介绍了地面气象观测中的新设备、新技术、新平台的原理、结构、应用和工作流程；增加新型、智能自动气象观测设备的维护维修、故障处理与典型案例分析等内容。《高空气象观测业务指导手册》介绍了常规高空气象观测、卫星导航观测系统和地基遥感垂直观测系统的“硬件＋软件”组成结构、工作原理、数据传输流程和故障诊断等内容。《天气雷达与气象卫星观测业务指导手册》详细阐述了新疆天气雷达与气象卫星观测业务概况、设备组成、观测流程、质量控制等内容。《大气成分观测业务指导手册》分大气本底观测业务与酸雨观测业务两部分，介绍了大气本底观测项目、业务范围、值班流程及注意事项，着重分析了自动酸雨观测系统原理、设备维护与维修典型案例等内容。《农业气象观测业务指导手册》从棉花、玉米、小麦、自然物候、畜牧几个方面介绍了各类物种的观测方法、流程以及记录方法，各类农业及相关观测项目的应用软件、报表制作、应急处置等内容。

丛书密切联系新疆综合气象观测业务运行实际，充分考虑新疆综合气象观测发展趋势和发展需求。丛书内容全面系统，凝聚了各方面的辛勤付出和智慧奉献。由于编者水平有限，书中不足之处，欢迎广大读者批评指正。

丛书总编委会

2024 年 8 月

前 言

农业气象观测是综合气象观测系统的一项重要内容，在现代农业气象服务和农业生产中发挥着重要作用，是农业气象业务、服务和科研等工作的基础和前提。从农业气象观测高质量发展目标以及现代农业发展对农业气象服务需求的角度来看，未来农业气象观测业务需形成观测站网布局和观测任务科学合理、业务质量管理体系健全、现代化观测体系完善、业务服务多元精细，以及现代化农业气象观测业务服务体系。随着农业产业布局优化、种植结构和种植方式调整，以及自动观测技术和设备的迅猛发展，农业气象观测业务服务所面临的问题凸显，全新疆农业气象观测站点偏少且观测任务不够合理、观测技术和设备自动化不足、农业气象业务服务需求不清和针对性不强、农业气象业务服务科技支撑能力亟待加强，农业气象观测业务日益集约化的发展对县级综合气象观测员的业务水平提出更高要求。由于台站气象队伍日益年轻化，气象观测经验不足，又缺乏综合性的学习资料，因此亟须系统梳理适用于新疆农业气象观测业务实际的业务流程，并结合气象观测员多年的宝贵经验，使农业气象观测业务流程规范化、程序化。为此，本书编写组根据农业气象观测的发展需求，坚持“兼顾历史、立足当下、面向未来”的编写原则，广泛收集整理资料、反复论证修改、多方征求意见，完成了《农业气象观测业务指导手册》的编写。

《农业气象观测业务指导手册》分别介绍了棉花、玉米、小麦观测及软件录入、土壤水分测定、自然物候观测、畜牧观测、农业气象灾害与病虫害的观测和调查、农气报表的制作、采集规定及应急处理、自动土壤水分观测等方面内容，规范了农业气象观测从观测到软件录入、报表制作等全业务流程，以及农业气象观测业务经验总结，并加入了自动设备土壤水分观测仪故障典型案例分析等内容。

《农业气象观测业务指导手册》由新疆维吾尔自治区气象局观测与网络处组织新疆维吾尔自治区气象技术装备保障中心牵头编写，在编写过程中还得到了自治区级、市(州)级气象局和装备生产厂家的大力支持，在此表示感谢。

由于时间仓促且编写人员水平有限，随着农业气象观测自动化、智能化进程的持续深入，在《农业气象观测业务指导手册》执行过程中难免有不妥之处，敬请有关专家及读者提出宝贵意见和建议。

编者
2024 年 9 月

目　录

丛书序

丛书前言

前言

第1章　棉花观测 …… 1

1.1　发育期观测 …… 1

1.2　生长状况测定 …… 3

1.3　生长量测定 …… 5

1.4　产量结构分析 …… 5

1.5　主要田间工作记载 …… 5

1.6　观测流程 …… 5

1.7　软件录入 …… 6

第2章　玉米观测 …… 10

2.1　发育期观测 …… 10

2.2　生长状况测定 …… 11

2.3　生长量测定 …… 13

2.4　产量结构分析 …… 14

2.5　主要田间工作记载 …… 14

2.6　观测流程 …… 14

2.7　软件录入 …… 15

第3章　小麦观测 …… 17

3.1　发育期观测 …… 17

3.2　生长状况测定 …… 19

3.3　特殊情况处理 …… 20

3.4　观测流程 …… 21

3.5　软件录入 …… 21

第4章　土壤水分测定 …… 26

4.1　土壤湿度测定 …… 26

4.2　土壤水文、物理特性测定 …… 28

4.3　软件录入 …… 30

第 5 章　自然物候观测 …… 31
5.1　观测总则 …… 31
5.2　物候期及标准 …… 31
5.3　软件录入 …… 32
第 6 章　畜牧观测 …… 33
6.1　牧草与放牧家畜气象观测的组织 …… 33
6.2　牧草发育期观测 …… 34
6.3　牧草生长状况的观测 …… 36
6.4　放牧家畜膘情和牧事活动观测与调查 …… 38
6.5　畜牧灾害观测调查和天气气候影响评述 …… 39
6.6　观测记录簿填写、示例 …… 42
6.7　软件录入 …… 44
第 7 章　农业气象灾害与病虫害的观测和调查 …… 46
7.1　农业气象灾害观测的规定 …… 46
7.2　主要农业气象灾害观测记载方法及内容 …… 46
第 8 章　报表的软件制作 …… 50
8.1　报表的软件制作流程 …… 50
8.2　报表的校对要点及上传规定 …… 50
第 9 章　采集规定及应急处理 …… 54
9.1　采集数据及上传规定 …… 54
9.2　农气测报软件录入及传输注意事项 …… 55
第 10 章　自动土壤水分观测 …… 57
10.1　数据采集规定 …… 57
10.2　上传、检查规定 …… 57
10.3　设备维修维护 …… 57
10.4　报表制作流程及注意事项 …… 59
10.5　浏览软件的使用 …… 60
10.6　数据监控和审核流程图 …… 61
第 11 章　自动土壤水分观测仪常见故障案例分析汇总 …… 62
11.1　故障现象：全部层数据跳动 …… 62
11.2　故障现象：个别层数据跳动 …… 66
11.3　故障现象：体积含水量超过 60％ …… 71
11.4　故障现象：体积含水量≤0 …… 71
11.5　故障现象：相对湿度超过 100％ …… 73
11.6　故障现象：数据缺测 …… 73
参考文献 …… 80

第1章　棉花观测

新疆是我国最大的优质棉花主产区，做好棉花的作物观测显得尤为重要。通过观测，可鉴定农业气象条件对棉花作物生长发育和产量形成及品质的影响，为开展棉花农业气象情报、预报，以及气候评价、精细化气象为农服务等提供依据。

1.1　发育期观测

棉花的发育期包括播种期、出苗期、移栽期、成活期、三真叶期、五真叶期、现蕾期、开花期、开花盛期、裂铃期、吐絮期、吐絮盛期、停止生长期，共13个发育期。各发育期形态特征如表1.1所示。

棉花各发育期相应的形态特征见表1.1。

表1.1　棉花各发育期形态特征

发育期	形态特征
播种期	实际的播种日期
出苗期*	幼苗出土，两片子叶展开
移栽期	保护地培的幼苗移栽到农田的日期
成活期*	真叶舒展，在阳光的直射下不再凋萎
三真叶期	从主茎顶端出现完全展开的第三片真叶
五真叶期	从主茎顶端出现完全展开的第五片真叶
现蕾期	植株最下部果枝第一果节出现三角塔形花蕾，长约3.0 mm
开花期	植株下部果枝有花朵开放
开花盛期*	50%的棉株第四果枝上有花朵开放（如棉花没有第四果枝，以第四朵棉花开放观测统计）
裂铃期	植株上出现正常开裂的棉铃，可见到棉絮
吐絮期	植株上出现完全张开的棉铃，棉絮外露呈松散状态，容易从铃瓣中取出。如遇阴雨天气，棉铃难以正常裂铃或吐絮，发育期推迟应注明
吐絮盛期*	50%的棉株第四果枝上有棉铃吐絮（如棉花没有第四果枝或第四果枝没有棉铃，以第四个棉铃吐絮观测统计）

续表

发育期	形态特征
停止生长期*	因霜冻的土壤侵袭，植株幼嫩部分不再继续生长或呈凋萎状态，将出现霜冻的那天记为停止生长期；停止生长前拔秆的地区记拔秆日期；因喷施脱叶剂，棉株中、上部叶片焦枯失去光合作用功能的日期也记为停止生长期

注：① 播种、移栽分别记载实际农事活动日期。
② 移栽期一般在三真叶前后，各地可根据当地的实际情况记载。
③ 非秧田育苗，不进行移栽前发育期、生长状况、生长量等相关项目的观测。
④ 不进行棉花移栽的地区，不观测移栽期和成活期。
⑤ 停止生长的原因须在备注栏中注明，如霜冻、拔秆、喷施脱叶剂等。
⑥ 带有*的发育期为目测项目，不需统计进入发育期的百分率。若开花盛期和吐絮盛期需统计发育期百分率，则由省级业务主管部门根据需求确定。

1.1.1 观测频次和时间

① 从播种当日开始到停止生长期结束。发育期一般 2 d(隔日)观测 1 次，旬末进行巡视观测。

② 相邻 2 个发育期间隔时间很长，在不漏测发育期的前提下，可逢 5(每月 5 日、15 日和 25 日，且前一个发育期记载日期必须为旬末)和旬末巡视观测，临近发育期时立即恢复隔日观测。如逢 5 和旬末巡视观测时间把握不准，也可采用隔日观测。

③ 观测时间一般定为下午，开花期一般应在上午观测。

1.1.2 发育期的确定

① 播种期记载实际播种日期，移栽期记载实际移栽日期。

② 当观测植株上出现某一发育期特征时，即为该个体进入了某一发育期。

③ 出苗期、成活期、开花盛期、吐絮盛期、停止生长期根据表 1.1 中的各形态特征目测确定，记载整个地段 50%及以上的植株首次进入该发育期的日期。

④ 三真叶期、五真叶期、现蕾期、开花期、裂铃期、吐絮期以观测的总株数中进入发育期的株数所占的百分率来确定。根据该百分率将每个发育期分为发育始期、发育普遍期，划分标准为：发育期百分率第一次大于或等于 10%时为发育始期，大于或等于 50%时为发育普遍期。棉花观测到发育普遍期为止。

群体进入发育期的百分率以观测总株数中进入发育期的株数所占的百分率来计算，公式如下：

$$\text{发育期百分率}(\%)=\frac{\text{进入发育期的株数}}{\text{观测总株数}}\times 100\%$$

式中：发育期百分率取整数，小数四舍五入。

1.2 生长状况测定

1.2.1 生长高度的测量

棉花打顶前，从土壤表面量至主茎顶端。打顶后量至主茎最高处。棉花培土后，植株高度测量从培土高度的一半量起。

高度测量以 cm 为单位，小数四舍五入，取整数记载。

1.2.2 植株密度的测量

1. 1 m 内行数

平作地段每个测点量出 10 个行距(1～11 行)的宽度。4 个测点行距数之和除以所量宽度之和，即为平均 1 m 内行数，在测点不失去代表性时，仅在五真叶期(定苗)第一次密度测定时进行一次。计算公式如下：

$$平均1\ m内行数=\frac{10+10+10+10}{x_1+x_2+x_3+x_4}$$

式中：x_1、x_2、x_3、x_4 分别表示第 1、2、3、4 个测点的量取宽度(以 m 为单位)。

注：①畦作地段需量出 2 个或以上畦的宽度，数出其中棉花的行距数。②间作、套作需量出 2 个组合及以上的总宽度，数出其中棉花的行距数。

2. 1 m 内株数

① 稀植。每个测点连续量出第 1 株到第 21 株的长度，各测点的株数之和除以所量长度之和，即为平均 1 m 内株数。

计算公式如下：

$$平均1\ m内株数=\frac{z_1+z_2+z_3+z_4}{y_1+y_2+y_3+y_4}$$

式中：在五真叶期(定苗)，z_1、z_2、z_3、z_4 均取 20 株(第 1 株到第 20 株)，y_1、y_2、y_3、y_4 分别表示第 1、2、3、4 个测点的量取长度(第 1 株到第 21 株的长度)，以 m 为单位；在吐絮期，z_1、z_2、z_3、z_4 分别表示第 1、2、3、4 个测点内第一次量取长度内的实际株数；在密度测点不失去代表性的情况下，y_1、y_2、y_3、y_4 仅在五真叶期(定苗)第一次密度测定时进行一次。

② 穴播(栽)。每个测点连续量出第 1 穴到第 11 穴的长度(测量方法同 1 m 内行数)，数出第 1 穴到第 10 穴的株数，各测点株数之和除以所量的长度之和，即为 1 m 内株数。

计算公式如下：

$$平均1\ m内株数=\frac{z_1+z_2+z_3+z_4}{y_1+y_2+y_3+y_4}$$

式中：五真叶期(定苗)，z_1、z_2、z_3、z_4 分别表示第 1、2、3、4 个测点第 1 穴到第 10 穴的株数，y_1、y_2、y_3、y_4 分别表示第 1、2、3、4 个测点的量取长度(第 1 穴到第 11 穴的长度)，以 m 为单位；在吐絮期，z_1、z_2、z_3、z_4 分别表示第 1、2、3、4 个测点内的第一次量取长度内的实际株数；在密度测点不失去代表性的情况下，y_1、y_2、y_3、y_4 仅在五真叶期(定苗)第一次密度测定时进行一次。

3. 1 m^2 株数

$$1\ m^2\ 株数=平均\ 1\ m\ 内行数\times平均\ 1\ m\ 内株数$$

式中：计算结果取 2 倍小数，第 3 倍小数四舍五入。

观测记载植株高度、密度、产量因素、生长状况评定以及大田生育状况观测调查见表 1.2，表 1.3）。

表 1.2　生长状况测定时期及测量项目表

观测时期（发育普遍期）	测定项目		
	高度	密度	产量因素
7 月 15 日	—	—	伏前桃数
8 月 15 日	—	—	伏桃数、果枝数
9 月 10 日	—	—	秋桃数
五真叶期（定苗期）	—	株数	—
开花期	高度	—	果枝数
吐絮期	高度	株数	果枝数
吐絮盛期	—	—	单铃重

注：① 第一次密度测定在定苗时进行（未在五真叶期进行定苗，则在定苗时所处的发育期进行密度测定，如果定苗时某发育普遍期已过，则在下一个发育普遍期进行密度测定）。如果观测地段棉花不需要定苗，在五真叶期进行第一次密度测定。

② 表中 7 月 15 日、8 月 15 日、9 月 10 日不是发育期，只作为棉花伏前桃数、伏桃数、秋桃数测定的具体日期，发育期分别填写 7 月 15 日、8 月 15 日、9 月 10 日所处的实际发育期，如果存在多个发育期并存，以后一个发育期为准。

③ 伏前桃数、伏桃数、秋桃数，统计直径大于或等于 2 cm 的棉铃数，求出单株平均铃数。

④ 8 月 15 日和开花期的果枝数，由省级业务主管部门按实际需求确定是否测定。

⑤ 上表中发育普遍期均须进行生长状况评定。

表 1.3　大田生育状况观测调查时间和项目

调查时间（观测地段所处发育期）	调查项目				生长状况评定
	发育期	高度	密度	产量因素	
7 月 16 日	发育期	—	—	伏前桃数	苗情等级
8 月 16 日	发育期	—	—	伏桃数、果枝数	苗情等级
9 月 11 日	发育期	—	—	秋桃数	苗情等级
吐絮期	发育期	高度	株数	果枝数	苗情等级

注：① 表中记载的发育期为调查棉花所处的实际发育期。

② 表中 7 月 16 日、8 月 16 日、9 月 11 日不是发育期，只作为棉花伏前桃数、伏桃数、秋桃数测定的具体日期，发育期分别填写 7 月 16 日、8 月 16 日、9 月 11 日棉花所处的实际发育期，如果存在多个发育期并存，以后一个发育期为准。

③ 8 月 16 日果枝数、吐絮期高度，由省级业务主管部门按实际需求确定是否测定。

1.3 生长量测定

棉花生长量测定一般在农业气象试验站进行;未规定进行密度测定的时期测定生长量,应加测密度。具体要求见表1.4。

表1.4 棉花生长量测定时期和项目

测定项目	测定时期
叶面积	五真叶期、现蕾期、开花期、开花盛期、裂铃期、吐絮期、吐絮盛期
干物质质量	五真叶期、现蕾期、开花期、开花盛期、裂铃期、吐絮期、吐絮盛期、停止生长期

注:① 未规定进行密度测定的发育期测定生长量时,须加测密度。
② 上表中生长量取样均在发育普遍期进行。

叶面积及干物质重量测定方法见《农业气象观测规范》(主要作物卷)中“5.3.4 叶面积测定”“5.3.5 干物质重量测定”。

1.4 产量结构分析

棉花产量结构分析项目有:株铃数、僵烂铃率、未成熟铃率、蕾铃脱落率、株子棉重、霜前花率、纤维长、衣分、子棉理论产量、茎秆重、子棉与茎秆比。

① 自吐絮开始,在观测地段4个区密度测点中连续固定10株,共40株。每两天收花一次直至机械采收或拔秆。并记录每次摘收铃数和其中僵烂铃数。霜前、霜后花分别晾晒统计。

② 具体分析方法见《农业气象观测规范》(主要作物卷)中“5.4 棉花产量结构分析”。

1.5 主要田间工作记载

在发育期观测的同时,记载观测地段上从播种前的整地到收获晾晒等开展农事活动的项目名称、起止日期、方法、工具、数量、质量和效果等。为避免漏记,应经常与所在单位或个人取得联系及时记载。

主要田间工作记载项目、内容和质量等见《农业气象观测规范》(主要作物卷)中“5.5 主要田间工作记载”。

1.6 观测流程

棉花的观测流程如图1.1所示。

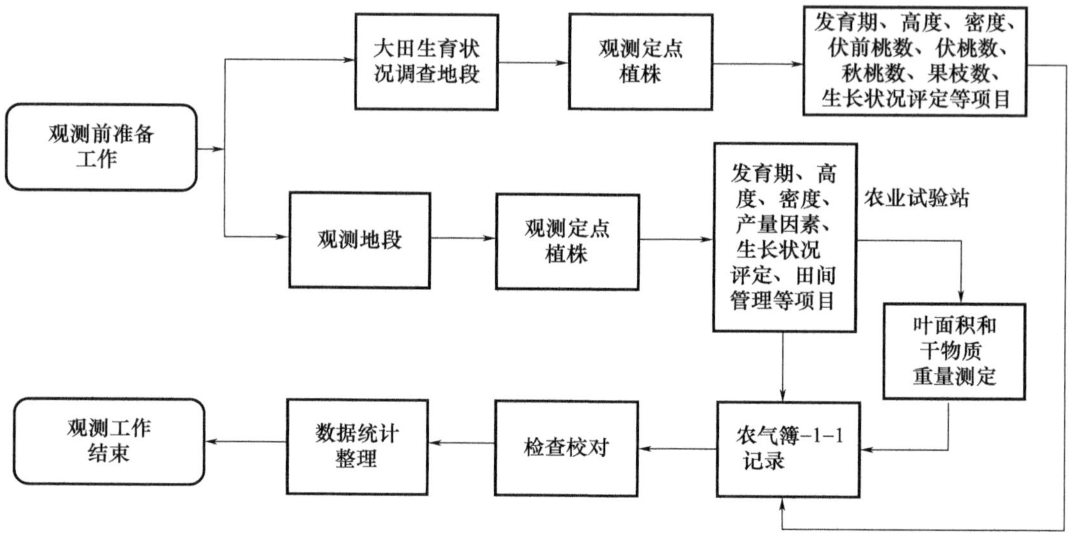

图 1.1 棉花观测流程

1.7 软件录入

1.7.1 发育期

AgMODOS→数据编辑→农气簿-1 记录簿→作物生育状况观测→数据录入→发育期观测→新增→依次录入观测日期、发育期、观测株数、4 个测点进入发育期的株数、生长状况评定、观测员→核对数据→校对员→保存。其中，历史发育期(月/日)、发育距平、进入发育期百分率(%)、总和共 4 项不用人工录入，保存后软件自动生成；生长状况评定只在发育普遍期录入(播种期除外)；播种期、出苗、成活、开花盛期、吐絮盛期、停止生长期 6 个目测发育期项目不用录入“4 个测点进入发育期的株数”。

1.7.2 生长状况测定

1. 植株生长高度测量

AgMODOS→数据编辑→农气簿-1 记录簿→作物生育状况观测→数据录入→植株生长高度测量→依次录入观测日期、发育期、单位、4 个测点(共计 40 株)高度测定值、观测员→核对数据→校对员→保存。

2. 植株密度测量

棉花密度的测量计算由“植株密度基准测量”和“植株密度测量”两项共同完成，第一次进行棉花密度测量录入时，要先进行“植株密度基准测量”的录入，该部分为农气簿“植株密度测定记录”双线以上的部分，然后再进行“植株密度测量”的录入。

(1)植株密度基准测量

AgMODOS→数据编辑→农气簿-1 记录簿→作物生育状况观测→数据录入→植株密度基

准测量→新增→依次录入观测日期、发育期、量取宽度、所含行距数、量取长度、观测员→核对数据→校对员→保存。

(2)植株密度测量

AgMODOS→数据编辑→农气簿-1 记录簿→作物生育状况观测→数据录入→植株密度测量→新增→依次录入观测日期、发育期、栽培方式(稀植)、4 个测点所含株数、观测员→核对数据→校对员→保存。

3. 产量因素测定

AgMODOS→数据编辑→农气簿-1 记录簿→作物生育状况观测→数据录入→产量因素测定→新增→依次录入观测日期、发育期、测定项目、4 个测点单株(茎)测定值、观测员→核对数据→校对员→保存。

4. 大田生育状况调查

(1)大田生育状况基本情况

AgMODOS→数据编辑→农气簿-1 记录簿→大田生育状况调查→大田生育状况基本情况→新增→依次录入大田名称、作物品种名称、播种日期、收获开始日期、收获结束日期、收获单产(kg/hm^2)、生产水平、地点、调查员→核对数据→校对员→保存。

(2)大田生育状况观测调查

AgMODOS→数据编辑→农气簿-1 记录簿→大田生育状况调查→大田生育状况观测调查→新增→依次录入大田名称、观测日期、发育期、高度(cm)、密度(株数/m^2)、产量因素、生长状况评定、观测员→核对数据→校对员→保存。

1.7.3 生长量测定

1. 植株叶面积测定

叶面积测定计算由“植株叶面积测定”和“植株叶面积分析”两项共同完成,先进行“植株叶面积测定”的录入,然后再进行“植株叶面积分析”的录入。

(1)植株叶面积测定

AgMODOS→数据编辑→农气簿-1 记录簿→作物生长量→数据录入→植株叶面积测定→新增→依次录入测定日期、测定发育期、样本各株号、叶序、叶长、叶宽、观测员→核对数据→校对员→保存。

(2)植株叶面积分析

AgMODOS→数据编辑→农气簿-1 记录簿→作物生长量→数据录入→植株叶面积分析→新增→依次录入测定日期、校正系数(0.75)、观测员→核对数据→校对员→保存。

2. 植株干物质重量测定

AgMODOS→数据编辑→农气簿-1 记录簿→作物生长量→数据录入→植株干物质重量测定→新增→依次录入测定日期、测定发育期、样本数、样本总重(分器官鲜重和干重)、观测员→核对数据→校对员→保存。

1.7.4 产量结构分析

AgMODOS→数据编辑→农气簿-1 记录簿→作物生育状况观测→数据录入→产量结构分析→新增→依次录入分析日期、分析项目、单位、分析结果、分析员→核对数据→校对员→保存。

1.7.5 农业气象灾害、病虫害观测

1. 农业气象灾害、病虫害观测

AgMODOS→数据编辑→农气簿-1记录簿→作物生育状况观测→数据录入→农业气象灾害观测→新增→依次录入观测日期、灾害类别、灾害名称、受害期、天气气候情况、受害症状、植株受害程度、器官受害程度(%)、采取的主要措施、预计对产量的影响、地段代表灾情类型、灾情分布影响情况、观测员→核对数据→校对员→保存。

2. 农业气象灾害、病虫害调查

AgMODOS→数据编辑→农气簿-1记录簿→作物生育状况观测→数据录入→农业气象灾害调查→新增→依次录入调查开始日期、调查停止时间、灾害名称、受害期、调查点灾情类型、减产趋势估计、受害症状、植株受害程度(%)、器官受害程度(%)、成灾面积(hm^2)、成灾比例(%)、采取的主要措施、成灾的其他原因、实产(户主姓名)、灾害在县各种作物成灾面积(hm^2)、县内各处作物成灾比例(%)、并发的自然灾害、造成的其他损失、资料来源、调查点名称和地理特征、品种名称、前茬作物、播种期、所处发育期、土壤状况、产量水平、品种类型熟性和栽培方式、调查员→核对数据→校对员→保存。

1.7.6 主要田间工作记载

AgMODOS→数据编辑→农气簿-1记录簿→作物生育状况观测→数据录入→田间工作记载→新增→依次录入起始日期、结束日期、项目内容、方法工具数量、质量和效果、观测员→核对数据→校对员→保存。

1.7.7 地段说明

AgMODOS→数据编辑→农气簿-1记录簿→作物生育状况观测→数据录入→地段说明→新增→依次录入分析日期、地段实际面积、地段总产量、单位面积产量、观测地段说明、观测员→核对数据→校对员→保存。

1.7.8 纪要

AgMODOS→数据编辑→农气簿-1记录簿→作物生长量测定→数据录入→纪要→新增→依次录入记录日期、纪要内容、记录员→核对数据→校对员→保存。

1.7.9 农业气象条件鉴定

AgMODOS→数据编辑→农气簿-1记录簿→作物生长量→数据录入→农业气象条件鉴定→新增→依次录入分析日期、县平均单产(kg/hm^2)、增减产百分率(%)、农业气象条件鉴定、分析员→核对数据→校对员→保存。

1.7.10 软件操作

棉花软件录入和传输流程如图 1.2 所示。

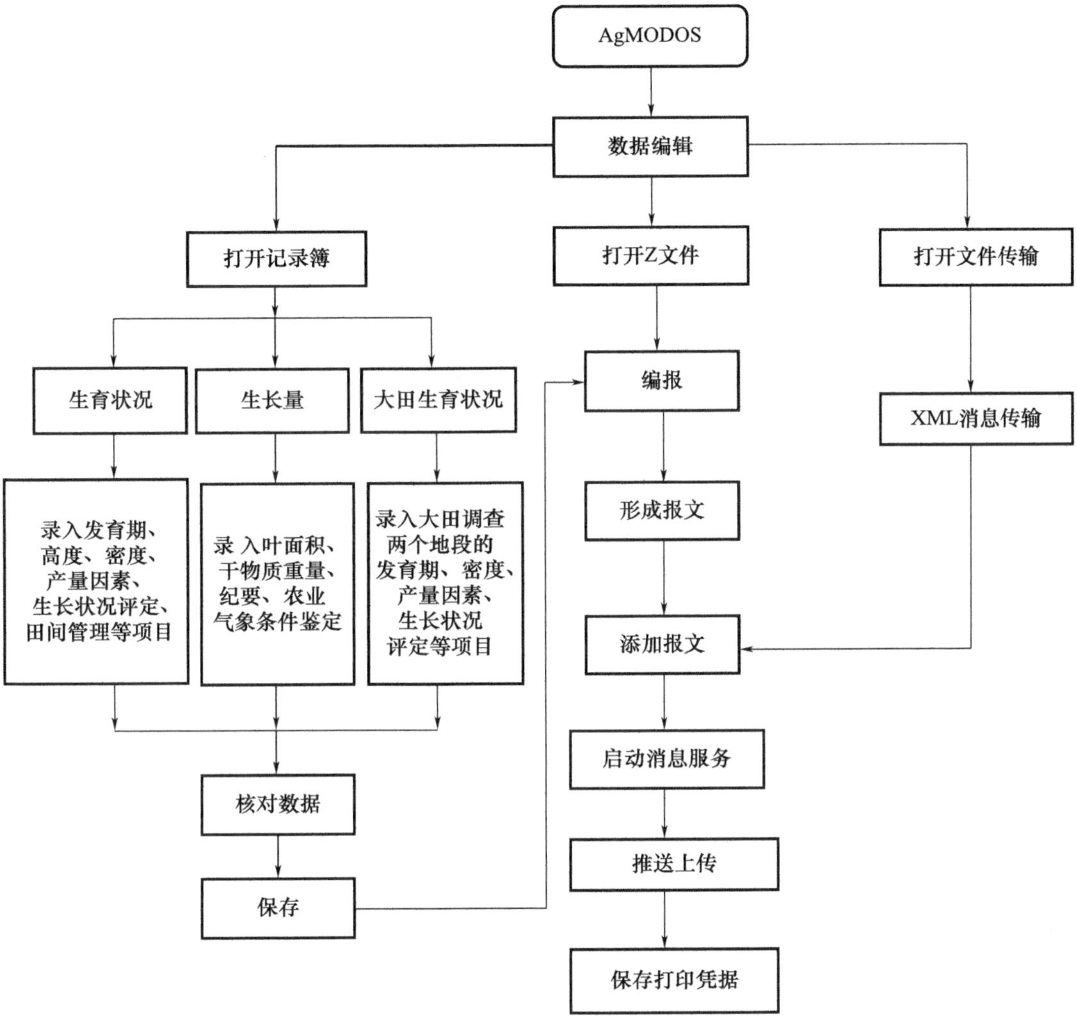

图 1.2 棉花软件录入和传输流程

第 2 章 玉米观测

2.1 发育期观测

玉米发育期的观测包括播种期、出苗期、三叶期、七叶期、拔节期、抽雄期、开花期、吐丝期、乳熟期和成熟期，共 10 个发育期。

玉米各发育期相应的形态特征见表 2.1。

表 2.1 玉米各发育期形态特征

发育期名称	形态特征
播种期	实际的播种日期
出苗期*	从芽鞘中露出第一片叶，长约 3.0 cm
三叶期	从第二叶叶鞘中露出第三叶，长约 2.0 cm
七叶期	从第六叶叶鞘中露出第七叶，长约 2.0 cm
拔节期	玉米基部节间由扁平变圆，近地面用手可摸到圆而硬的茎节，节间长度约为 3.0 cm。此时雄穗开始分化
抽雄期	雄穗的顶部小穗，从叶鞘中露出
开花期	雄穗中上部花药露出，散出花粉
吐丝期	植株雌穗自苞叶中露出花丝
乳熟期*	雌穗的花丝稍干变成暗棕色或褐色，外层苞叶颜色变浅仍呈绿色，籽粒形状已达到正常大小，果穗中下部的籽粒充满较浓的白色乳汁
成熟期*	80%以上植株外层苞叶变黄，花丝干枯，子粒硬化，呈现该品种固有的颜色。不易被指甲切开

注：① 播种记载实际农事活动日期。

② 工厂化等方式育苗不便进行观测的，可不进行移栽前发育期、生长状况等相关项目的观测。

③ 若观测乳熟、成熟两发育期识别有困难，可在测点外取几穗，在穗中下部苞叶处用刀片切“V”字口，每次打开进行观测，然后盖好。

④ 带有 * 的发育期为目测项目，不需统计进入发育期的百分率。

2.1.1 观测次数和时间和时间

① 从播种当日开始到成熟期结束。发育期一般 2 d(隔日)观测 1 次，旬末进行巡视观测。

② 抽穗期、开花期须每日观测。

③ 相邻2个发育期间隔时间很长，在不漏测发育期的前提下，可逢5(每月5日、15日和25日，且前一个发育期记载日期必须为旬末)和旬末巡视观测，临近发育期时立即恢复隔日观测。如逢5和旬末巡视观测时间把握不准，也可采用隔日观测。

④ 观测时间一般定为下午，开花期在上午观测。

2.1.2 发育期的确定

① 播种期记载实际播种日期。

② 当观测植株上出现某一发育期特征时，即为该个体进入了某一发育期。

③ 出苗期、乳熟期、成熟期根据表4.1中的各形态特征目测确定，记载整个地段50%及以上的植株首次进入该发育期的日期。

④ 三叶期、七叶期、拔节期、抽雄期、开花期和吐丝期，以观测的总株数中进入发育期的株数所占的百分率来确定。根据该百分率将每个发育期分为发育始期、发育普遍期，划分标准为：发育期百分率第一次大于或等于10%时为发育始期，大于或等于50%时为发育普遍期。玉米观测到发育普遍期为止。

群体进入发育期的百分率以观测总株数中进入发育期的株数所占的百分率来计算，公式如下：

$$\text{发育期百分率}(\%)=\frac{\text{进入发育期的株数}}{\text{观测总株数}}\times 100\%$$

式中：发育期百分率取，小数四舍五入整数。

2.2 生长状况测定

2.2.1 生长高度的测量

拔节期及其以前，从土壤表面量至植株叶子伸直后的最高叶尖，拔节期以后量至最上部一片展开叶子的基部叶枕，抽雄后量至穗顶。

高度测量以cm为单位，小数四舍五入，取整数记载。

2.2.2 植株密度的测量

1. 1 m内行数

平作、垄作地段每个测点量出10个行距(1～11行)的宽度。4个测点行距数之和除以所量宽度之和，即为平均1 m内行数，在测点不失去代表性时，仅在拔节期第一次密度测定时进行一次。

计算公式如下：

$$\text{平均1米内行数}=\frac{10+10+10+10}{x_1+x_2+x_3+x_4}$$

式中：x_1、x_2、x_3、x_4 分别表示第1、2、3、4个测点的量取宽度(以m为单位)。

注：①畦作地段需量出 2 个或以上畦的宽度，数出其中玉米的行距数。②间作、套作需量出 2 个组合及以上的总宽度，数出其中玉米的行距数。

2. 1 m 内株数

① 稀植。每个测点连续量出第 1 株到第 21 株的长度，各测点的株数之和除以所量长度之和，即为平均 1 m 内株数。

计算公式如下：

$$平均1\ \text{m}内株数=\frac{z_1+z_2+z_3+z_4}{y_1+y_2+y_3+y_4}$$

式中：在拔节期，z_1、z_2、z_3、z_4 均取 20 株（第 1 株到第 20 株），y_1、y_2、y_3、y_4 分别表示第 1、2、3、4 个测点的量取长度（第 1 株到第 21 株的长度），以米为单位；在乳熟期，z_1、z_2、z_3、z_4 分别表示第 1、2、3、4 个测点内的第一次量取长度内的实际株数和有效株数。在密度测点不失去代表性的情况下，y_1、y_2、y_3、y_4 仅在拔节期第一次密度测定时进行一次。

② 穴播。每个测点连续量出第 1 穴到第 11 穴的长度（测量方法同 1 m 内行数），数出第 1 穴到第 10 穴的株数，各测点株数之和除以所量的长度之和，即为 1 m 内株数。

计算公式如下：

$$平均1\ \text{m}内株数=\frac{z_1+z_2+z_3+z_4}{y_1+y_2+y_3+y_4}$$

式中：拔节期，z_1、z_2、z_3、z_4 分别表示第 1、2、3、4 个测点第 1 穴到第 10 穴的株数，y_1、y_2、y_3、y_4 分别表示第 1、2、3、4 个测点的量取长度（第 1 穴到第 11 穴的长度），以 m 为单位；乳熟期，z_1、z_2、z_3、z_4 分别表示第 1、2、3、4 个测点内的第一次量取长度内的实际株数和有效株数；在密度测点不失去代表性的情况下，y_1、y_2、y_3、y_4 仅在拔节期第一次密度测定时进行一次。

3. 1 m^2 株数

$$1\ \text{m}^2株数=平均1\ \text{m}内行数\times平均1\ \text{m}内株数$$

生长状况测定时期及测量项目如表 2.2 所示。

表 2.2 生长状况测定时期及测量项目表

发育普遍期	测定项目		
	高度	密度	产量因素
拔节期	高度	株数	—
抽雄期	—	—	茎粗
乳熟期	高度	总株数、有效株数	茎粗、果穗长、果穗粗、双穗率

注：① 正常子粒大于或等于 10 粒的植株为有效株。
② 表中发育普遍期均须进行生长状况评定。

2.2.3 生长状况评定

除播种期外，其他每个发育普遍期均须进行生长状况评定。

玉米生长状况评定有 3 个等级，即 1 类、2 类和 3 类，评定标准见表 2.3。

表 2.3 玉米生长状况评定标准

等级	概述	评定标准
1类	生长状况优良	植株健壮，密度均匀，高度整齐，叶色正常，花序发育良好，穗大粒多，结实饱满。没有或仅有轻微的病虫害和气象灾害，对生长影响极小。预计可达到丰产年景的水平
2类	生长状况较好或中等	植株密度不太均匀，有少量缺苗断垅现象。植株高度欠整齐。穗子、籽粒稍小。植株遭受病虫害或气象灾害较轻。预计可达到近5年平均产量年景的水平
3类	生长状况不好或较差	植株密度不均匀，植株矮小、不整齐。缺苗断垅严重。穗小粒少。杂草很多。病虫害或气象灾害对玉米有明显的抑制或产生严重危害。预计产量较低，是减产年景

2.2.4 产量因素测定

玉米在田间通过对有关产量因素的测定，以获取产量预报的早期信息。

玉米产量因素测定在七叶期、拔节期、抽雄期、乳熟期进行，测定的产量因素为茎粗、果穗长、果穗粗、双穗率，测量方法见《农业气象观测规范》(主要作物卷)中“4.2.5 产量因素测定”部分。

2.2.5 大田生育状况观测调查

玉米作物地段的观测可以取得比较系统、详细的资料，但单点资料往往难以满足服务的需要。为了更好地开展服务，应对代表本县(市、区)不同生产水平的田地进行调查，以弥补单点观测资料的不足。

在观测地段玉米进入某发育普遍期后4 d内(包括该观测地段玉米发育普遍期当日)进行。观测调查项目见表2.4。

测量方法同作物地段相同。

表 2.4 玉米大田生育状况观测调查时间和项目

调查时间(观测地段玉米所处发育期)	调查项目				生长状况评定
	发育期	高度	密度	产量因素	
拔节期	发育期	高度	株数	—	苗情等级
乳熟期	发育期	高度	—	茎粗、果穗长、果穗粗	苗情等级

注：表中记载的发育期为大田调查点玉米所处的实际发育期。

2.3 生长量测定

生长量一般在农业气象试验站进行；未规定进行密度测定的时期测定生长量，应加测密度。

玉米生长量在三叶期、七叶期、拔节期、抽雄期、乳熟期和成熟期测定。测定项目包括叶面积指数、干物质质量和灌浆速度，具体要求见表2.5。

表 2.5　玉米生长量测定时期和项目

测定项目	测定时期
叶面积指数	三叶期、七叶期、拔节期、抽雄期、乳熟期
干物质质量	三叶期、七叶期、拔节期、抽雄期、乳熟期、成熟期
灌浆速度	从开花后第 15 天开始，每 5 d(间隔 4 d)取样一次，至成熟为止

注：① 未规定进行密度测定的发育期测定生长量时，须加测密度。
② 上表中生长量取样均在发育普遍期进行。
③ 移栽玉米不测定三叶期生长量。

叶面积及干物质测量方法见《农业气象观测规范》(主要作物卷)中“4.3.4 叶面积指数测定”“4.3.5 干物质质量测定”部分。

2.4　产量结构分析

玉米产量结构分析项目包括：果穗长、果穗粗、秃尖比、株子粒重、百粒重、理论产量、茎秆重、子粒与茎秆比。

① 时间：玉米成熟后、收获前进行取样，取样后一个月内完成所有项目分析。

② 方法：在观测地段 4 个区的密度观测点中分别连续取样 10 株，共 40 株，沿茎基部剪下，数出有效株，拿回室内先进行果穗长、果穗粗和秃尖长测定，然后晾晒、脱粒，及时进行质量分析。期间要注意样本的保管。

具体测定方法见《农业气象观测规范》(主要作物卷)中“4.4.2 分析方法”。

2.5　主要田间工作记载

在观测发育期的同时，记载观测地段上从播种前的整地到收获晾晒等开展农事活动的项目名称、起止日期、方法、工具、数量、质量和效果等。以便准确评定农业生产措施对玉米生长发育及产量形成的影响以及鉴定农业气象条件对农事活动的影响。

为避免漏记，应经常与观测地段所在单位或个人取得联系并及时记载。

2.6　观测流程

玉米的观测流程如图 2.1 所示。

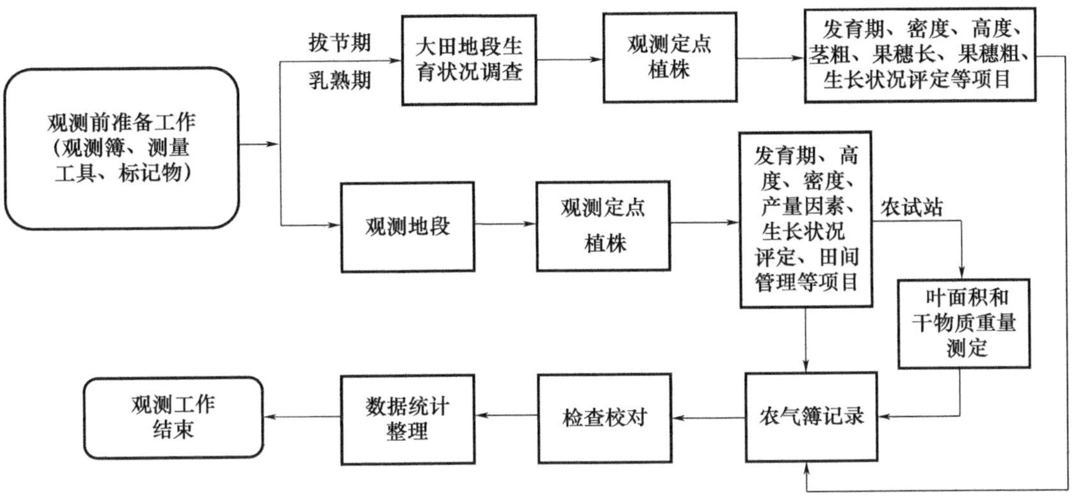

图 2.1　玉米观测流程

2.7　软件录入

2.7.1　作物生育状况观测

1. 玉米发育期

AgMODOS→数据编辑→农气簿-1 记录簿→作物生育状况观测→发育期观测→依次录入观测日期、发育期、观测株数、各测点进入发育期的株数、生长状况评定(普遍期)、观测员→核对数据→校对员→保存。

2. 玉米生长状况

AgMODOS→数据编辑→农气簿-1 记录簿→作物生育状况观测→植株生长高度测量、植株密度基准测量、植株密度测量、产量因素测定→依次录入观测日期、发育期、测定项目、单位、各测点测定值、观测员→核对数据→校对员→保存。

3. 玉米主要田间工作记载

AgMODOS→数据编辑→农气簿-1 记录簿→作物生育状况观测→田间工作记载→依次录入田间工作的起始和结束日期、田间工作项目内容、方法工具数量、质量和效果、观测员→核对数据→校对员→保存。

4. 玉米产量结构分析

AgMODOS→数据编辑→农气簿-1 记录簿→作物生育状况观测→产量结构分析→依次录入分析日期、分析项目、单位、分析结果、分析员→核对数据→校对员→保存。

2.7.2　生长量测定

AgMODOS→数据编辑→农气簿-1 记录簿→作物生长量测定→植株叶面积分析、植株干物质重量测定→依次录入叶面积分析的测定日期、发育期、选取校正系数 0.70 和干物质重量测定的日期、发育期、样本鲜重、样本干重、观测员→核对数据→校对员→保存。

2.7.3　大田生育状况调查

1. 大田生育状况观测调查

农气簿-1(作物)→大田生育状况调查→新增→依次录入“大田名称、观测日期、发育期、高度(cm)、密度(株数/m^2)、产量因素、生长状况评定、观测员、校对员”→保存。

本表单中的“大田名称”将与下一个表单“大田生育状况基本情况”中的“大田名称”相关联,以保证这两个表单的观测数据的完整性。

2. 大田生育状况基本情况

农气簿-1(作物)→大田生育状况调查→新增→依次录入“大田名称、作物品种名称、播种日期、收获开始日期、收获结束日期、收获单产(kg/hm^2)、生产水平、地点、调查员、校对员”→保存。

“大田名称”与上一个表单“大田生育状况观测调查”中的“大田名称”相同。

2.7.4　软件操作流程

玉米软件操作流程如图 2.2 所示。

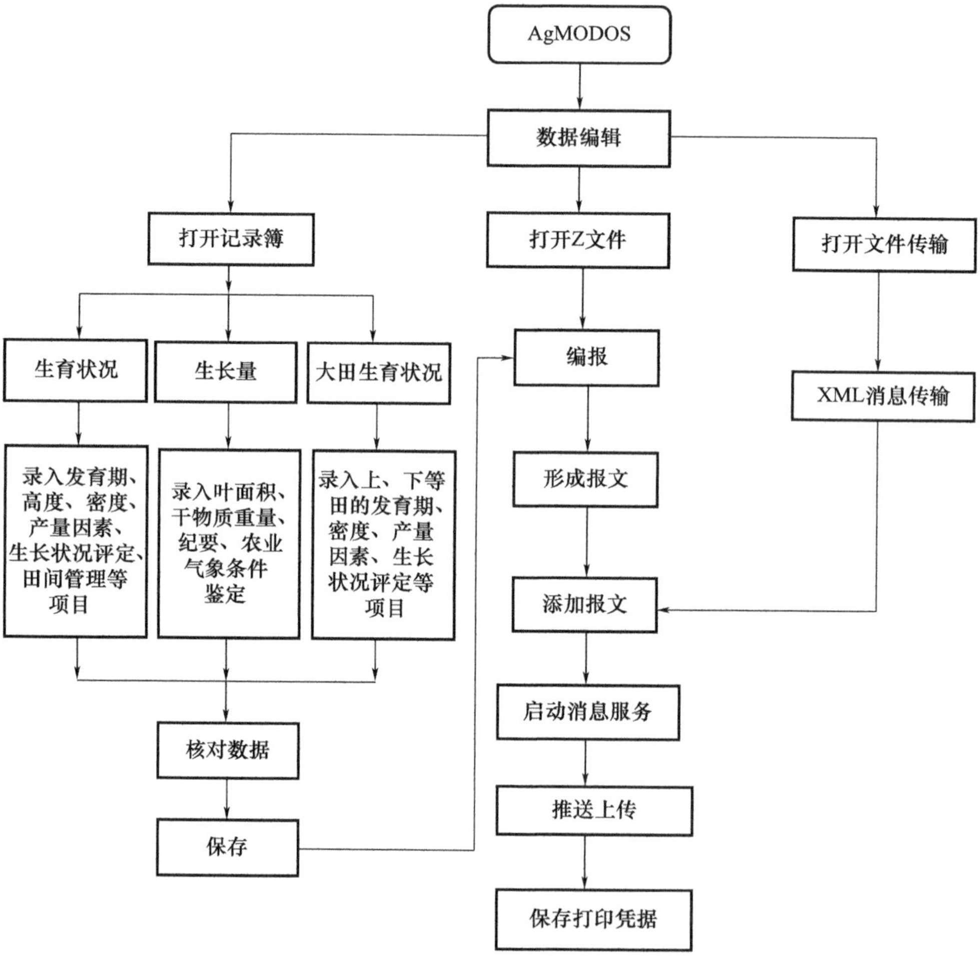

图 2.2　玉米软件录入和传输流程

第3章　小麦观测

3.1　发育期观测

发育期观测包括播种期、出苗期、三叶期、分蘖期、越冬开始期、返青期、起身期、拔节期、孕穗期、抽穗期、开花期、乳熟期和成熟期，共13个发育期。其中越冬开始期、返青期、起身期仅适用于冬季停止生长的冬小麦，春小麦不观测此3个发育期。

小麦作物各发育期相应的形态特征见表3.1。

表3.1　小麦各发育期形态特征

发育期名称	形态特征
播种期	实际的播种日期
出苗期*	从芽鞘中露出第一片绿色小叶，长约2.0 cm，条播竖看显行
三叶期	从第二叶叶鞘中露出第三叶，叶长为第二片叶的一半
分蘖期	叶鞘中露出第一分蘖的叶尖约0.5～1.0 cm
越冬开始期*	冬小麦植株基本停止生长，分蘖不再增加或增长缓慢(以第一次5日平均气温降到0 ℃的最后一天为准，具体记载日期为该最后一天的次日)。有些地区冬季气温经常在0 ℃左右波动，遇此情况应根据植株高度变化情况而定。该发育期适用于冬小麦和冬青稞
返青期*	植株恢复生长，心叶长出1.0～2.0 cm。该发育期适用于冬小麦和冬青稞
起身期*	麦苗由匍匐转向直立。此时穗分化进入二棱期。该发育期适用于冬小麦和冬青稞
拔节期	茎基部节间伸长，露出地面约1.5～2.0 cm。此时穗分化进入小花分化期。观测时若标准不易掌握，可剥开1～2茎观测节间长度。 冬前一般不拔节的地区，如果出现拔节现象，且拔节百分率达不到50%，只在发育期备注栏内详细记载拔节开始日期和拔节百分率；如果拔节百分率达到50%或以上，应在发育期观测记录栏详细记录，作为正式拔节期观测记载，并在备注栏注明原因
孕穗期	旗叶(倒数第1片叶)全部抽出叶鞘
抽穗期	从旗叶叶鞘中露出穗的顶端，有的穗于叶鞘侧弯曲露出(不包括麦芒)
开花期	在穗子中上部(莜麦、燕麦为顶部)小穗花朵颖壳张开，露出花药，散出花粉。遇阴雨天气外颖不张开，需小心地剥开颖壳进行观测

续表

发育期名称	形态特征
乳熟期 *	穗子上部(筱麦、燕麦为顶部)籽粒达到正常大小,呈黄绿色。内含物内出现白色块状物,并充满乳状浆液
成熟期 *	穗上 80%以上子粒变黄,颖壳和茎秆变黄,仅上部第一、第二节仍呈微绿色

注:① 播种记载实际农事活动日期。
② 非越冬麦类作物及冬小麦冬季不停止生长的地区,不观测越冬开始期、返青期和起身期。
③ 带有 * 的发育期为目测项目,不需统计进入发育期的百分率。

3.1.1 观测次数和时间

① 从播种当日开始到成熟期结束。发育期一般 2 d(隔日)观测 1 次,旬末进行巡视观测。

② 抽穗期与开花期须每日观测。

③ 相邻 2 个发育期间隔时间很长,在不漏测发育期的前提下,可逢 5 和旬末巡视观测,临近发育期时立即恢复隔日观测。具体时段由台站根据历史资料和当年麦类作物生长情况确定。如逢 5 和旬末巡视观测时间把握不准,也可采用隔日观测。

④ 冬小麦冬季停止生长的地区,越冬开始期后到春季日平均气温达到 0 ℃这段时间,每月月末巡视一次,以后视实际情况进行逢 5 和旬末巡视观测或隔日观测。

⑤ 观测时间一般定为下午,开花期在上午观测。

3.1.2 发育期的确定

① 播种期记载实际的播种日期。

② 当观测植株或茎上出现某一发育期形态特征时,即为该个体进入了某一发育期。

③ 出苗期、越冬开始期、返青期、起身期、乳熟期、成熟期根据表 3.1 中的各形态特征目测确定,记载整个地段 50%及以上的植株进入该发育期的日期。

④ 三叶期、分蘖期、拔节期、孕穗期、抽穗期和开花期以观测的总株(茎)数中进入发育期的株(茎)数所占的百分率确定。根据该百分率将每个发育期分为发育始期、发育普遍期,划分标准为:发育期百分率第一次大于或等于 10%时为发育始期,大于或等于 50%时为发育普遍期。麦类作物观测到发育普遍期为止。

群体进入发育期的百分率以观测总株(茎)数中进入发育期的株(茎)数所占的百分率来计算,公式如下:

$$发育期百分率(\%)=\frac{进入发育期的株(茎)数}{观测的总株(茎)数}\times 100\%$$

式中:发育期百分率取整数,小数四舍五入。

当麦类作物在观测植株上出现分蘖特征并达到分蘖标准时,即为该植株进入了分蘖期。例如:1 个小区 25 株麦苗中有 10 株出现分蘖并达到了分蘖标准(1 株麦苗可以有多个分蘖),则该小区进入分蘖期的株数为 10。

3.2 生长状况测定

麦类作物生长状况的观测项目包括植株高度、密度、产量因素、生长状况评定以及大田生育状况观测调查。

3.2.1 生长高度的测量

拔节期及其以前，从土壤表面量至植株叶子伸直后的最高叶尖。乳熟期，从土壤表面量至麦穗顶端（不包括芒长）。

高度测量以 cm 为单位，小数四舍五入，取整数记载。

3.2.2 植株密度的测量

1. 1 m 内行数

平作、垄作地段每个测点量出 10 个行距（1～11 行）的宽度。4 个测点行距数之和除以所量宽度之和，即为平均 1 m 内行数，在测点不失去代表性时，仅在三叶期第一次密度测定时进行一次。

计算公式如下：

$$平均1\ m内行数=\frac{10+10+10+10}{x_1+x_2+x_3+x_4}$$

式中：x_1、x_2、x_3、x_4 分别表示第 1、2、3、4 个测点的量取宽度（以 m 为单位）。

注：

① 畦作地段需量出 2 个或以上畦的宽度，数出其中麦类作物的行距数。

② 间作、套作需量出 2 个组合及以上的总宽度，数出其中麦类作物的行距数。

2. 1 m 内株（茎）数

① 条播。每个测点在相邻的两行各取 0.5 m 长错开的一段（相加为 1 m），数出其中的株（茎）数，各测点 1 m 内株（茎）数之和除以 4 m，即得平均 1 m 内株（茎）数。密度不均匀的地段，每个测点测量长度应增加一倍。

计算公式如下：

$$平均1\ m内株(茎)数=\frac{(k_1+j_1)+(k_2+j_2)+(k_3+j_3)+(k_4+j_4)}{4}$$

式中：k_1、k_2、k_3、k_4 分别表示第 1、2、3、4 个测点内一个 0.5 m 内的株（茎）数；j_1、j_2、j_3、j_4 分别表示第 1、2、3、4 个测点内另一个 0.5 m 内的株（茎）数。

在密度测点不失去代表性的情况下，量取长度（即相邻两行各取的 0.5 m），仅在三叶期第一次密度测定时进行一次。

② 穴播。每个测点量出第 1 穴到第 11 穴的长度，数出测点内第 1 穴到第 10 穴的株（茎）数，4 个测点株（茎）数之和除以量取长度之和，即为平均 1 m 内株（茎）数。

计算公式如下：

$$平均1\ m内株(茎)数=\frac{z_1+z_2+z_3+z_4}{y_1+y_2+y_3+y_4}$$

式中：三叶期，z_1、z_2、z_3、z_4 分别表示第 1、2、3、4 个测点第 1 穴到第 10 穴的株数，y_1、y_2、y_3、y_4 分别表示第 1、2、3、4 个测点的量取长度（第 1 穴到第 11 穴的长度），以 m 为单位；三叶期以后的其他发育期，z_1、z_2、z_3、z_4 分别表示第 1、2、3、4 个测点内的第一次量取长度内的实际株（茎）数和有效茎数；在密度测点不失去代表性的情况下，y_1、y_2、y_3、y_4 仅在三叶期第一次密度测定时进行一次。

3. 1 m^2 株（茎）数

$$1\ m^2\ 株(茎)数 = 平均\ 1\ m\ 内行数 \times 平均\ 1\ m\ 内株(茎)数$$

乳熟期密度测定时，各分区均需增加一个密度测点，连同三叶期确定的 4 个测点，共 8 个测点，测定方法参考“1 m 内株（茎）数”。

（3）撒播

在每个发育期测点附近选择 1 个测点，每个测点取 0.25 m^2（0.5 m×0.5 m），数出其中株（茎）数。1 m^2 株（茎）数等于 4 个测点株（茎）之和数除以测定面积之和。

乳熟期测定 8 个测点，1 m^2 茎数等于茎数之和除以测定面积之和。

如果撒播麦类作物畦（垄）沟或畦背占有一定面积，密度测定结果需进行订正。

密度订正方法：第一次密度测定时，在地段测点附近，各量出 2 畦（垄）以上的长度和宽度，求出总面积及相应的实播面积（不包括畦沟、背），4 个点的平均，计算订正系数，保留 2 位小数。测定记录记入密度测定记录页内。

$$订正系数 = \frac{实播面积}{包括畦沟、背的总面积}$$

$$订正后\ 1\ m^2\ 的株(茎)数 = 订正系数 \times 1\ m^2\ 株(茎)数$$

式中：面积单位为 m^2，保留 2 位小数；订正系数和订正后的 1 m^2 株（茎）数均保留 2 位小数。

生长状况测定时期及测量项目见表 3.2。

表 3.2　生长状况测定时期及测量项目

调查时间（观测地段麦类作物所处发育期）	调查项目				
	发育期	高度	密度	产量因素	生长状况评定
越冬开始	发育期	高度	株（茎）数	分蘖数、大蘖数	等级
返青	发育期		茎数	分蘖数、大蘖数	等级
抽穗	发育期	高度	有效茎数	小穗数	等级

注：① 表中记载的发育期为调查地段麦类所处的实际发育期。
② 若调查田块麦类作物未进入抽穗期，则高度量至旗叶叶枕，并在备注栏注明。
③ 冬季不停止生长地区的冬小麦，越冬开始期有关测定项目调查在 1 月 8—10 日内进行，发育期按“越冬开始”记载，并在备注栏注明。1 月 8—10 日小麦已经拔节的地区，取消本次调查。
④ 非越冬麦类作物，无需进行“越冬开始”有关项目调查。

3.3 特殊情况处理

若遇以下特殊情况应分别进行处理，并记入备注栏：

① 当出现发育期百分率未达 10%或 50%且连续观测 3 次进入该发育期的植株总数增长量不超过 5%的情况。若是因品种等原因造成的，则停止观测；若是因天气气候原因所造成的，仍应继续观测。例如，由于播种较晚，进入越冬开始期后，三叶或分蘖百分率未达到 50%，返青期后仍需继续观测。

② 如果某次观测结果出现发育期百分率有倒退现象，应立即重新观测，检查观测是否有误或观测植株是否缺乏代表性，以后一次观测结果为准。

③ 因品种、栽培措施、灾害等原因，有的发育期未出现或发育期出现异常现象，应予记载并在备注栏注明原因。

④ 在规定观测时间遇有妨碍田间观测的天气或灌溉时，可推迟观测，过后应及时进行补测。如果观测时出现进入发育期百分率超过 10%、50%，则将本次观测日期相应作为进入始期、普遍期的日期。

⑤ 若冬小麦三叶期、分蘖期出现在越冬开始期之后，按实际出现时间记录，即先记越冬开始期，后记三叶期和分蘖期。

⑥ 当测点内有 1/3 或以上植株失去代表性时，应另选测点。

⑦ 如果未成熟提前收获，在备注栏注明收获日期、提前收获的原因和收获时成熟度。

3.4 观测流程

小麦观测流程如图 3.1 所示。

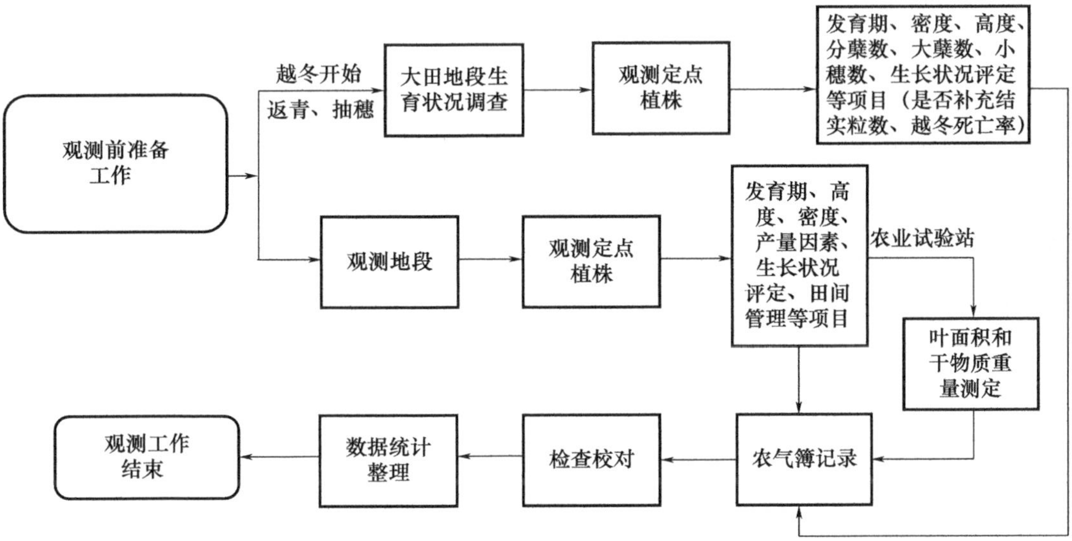

图 3.1 小麦观测流程

3.5 软件录入

AgMODOS→数据编辑→用户→登录→农气簿-1(作物)。

从程序组中选择 AgMODOS 中选择“数据编辑”程序项，启动农业气象测报数据编辑程序；从水平菜单中的“用户”菜单下选择登录项，或点击工具条上的“登录”图标按钮，并以“写入”权限以上的用户身份登录系统；从水平菜单中的“数据”菜单下选择“打开农气簿”项，或点击工具条上的“打开簿”图标按钮，出现以树目录结构形式展示农气簿记录情况的“农气簿管理”窗体，在农气簿管理窗体中，左半窗口列出农气簿-1 及其所属的子簿共 3 项。首先选择（点击）要录入观测数据所属的子簿项目，则在由右半窗口列出该子簿已创建的记录（簿名称及其相关的信息项，然后，在右半窗口中选择要保存观测数据的簿记录项，默认值为首项；从水平菜单中的“数据”菜单中选择“观测数据编辑”下的“数据录入”项，或点击工具条上的“录入”图标按钮，进入观测数据录入模块。

3.5.1 作物生育状况观测

1. 发育期观测

农气簿-1（作物）→作物生育状况观测→数据录入→发育期观测→新增→依次录入“观测日期、发育期、观测株数、4 个测点进入发育期的株（茎）数、观测员、校对员”→保存。其中，历史发育期（月/日）、发育距平、进入发育期百分率（%）、总和共 4 项不用人工录入，保存后软件自动生成；生长状况评定只在发育普遍期录入（播种期除外）；播种期、出苗期、越冬开始期、返青期、起身期、乳熟期和成熟期共 7 个目测发育期不用录入“4 个小区进入发育期的株（茎）数”。

2. 植株生长高度测量

农气簿-1（作物）→作物生育状况观测→数据录入→植株生长高度测量→新增→依次录入“观测日期、发育期、4 个测点共 40 株（茎）植株测量的高度、观测员、校对员”→保存。

3. 植株密度测量

小麦密度的测量计算由“植株密度基准测量”和“植株密度测量”两项共同完成，第一次进行小麦密度测量录入时，要先进行“植株密度基准测量”的录入，该部分为农气簿“植株密度测定记录”双线以上的部分，然后再进行“植株密度测量”的录入。

（1）植株密度基准测量

数据录入→植株密度基准测量→新增→依次录入“观测日期、发育期、量取宽度、所含株距数、量取长度、观测员、校对员”→保存。

（2）植株密度测量

数据录入→植株密度测量→新增→依次录入“观测日期、发育期、栽培方式（条播）、4 个测点的所含株（茎）数（乳熟期为 8 个测点数据）、观测员、校对员”→保存。

4. 产量因素测定

数据录入→产量因素测定→新增→依次录入“观测日期、发育期、测定项目、4 个测点的单株（茎）测定值、观测员、校对员”→保存。

5. 产量因素简便测定

数据录入→产量因素简便测定→新增→依次录入“观测日期、发育期、测定项目（越冬死亡率）、总和、样本数、观测员、校对员”→保存。

此项只录入冬小麦“越冬死亡率”1 个项目，输入原则为在“总和”里输入正数，有死亡时不能输入负数（只录入小麦死亡数字即可，无死亡时输入 0），样本数一律输入“1”。

6. 农业气象灾害观测

数据录入→农业气象灾害观测→新增→依次录入“观测日期、灾害类别、灾害名称、受害期、天气气候情况、受害症状、植株受害程度、器官受害程度(%)、采取的主要措施、预计对产量的影响、地段代表灾情类型、灾情分布影响情况、观测员、校对员”→保存。

发生大范围、严重的灾害时，如出现“全田受灾”时，4 个植株受害程度不比输入统计；器官受害程度输入数字型的百分比，取消以“成”数表示方法；灾害对小麦无明显影响，没有造成减产，则“减产成数”输入“0”。

7. 农业气象灾害调查

数据录入→农业气象灾害调查→新增→依次录入“调查开始日期、调查停止时间、灾害名称、受害期、调查点灾情类型、减产趋势估计(成)、受害症状、植株受害程度(%)、器官受害程度(%)、成灾面积(hm^2)、成灾比例(%)、采取的主要措施、成灾的其他原因、实产(户主姓名)、灾害在县各种作物成灾面积(hm^2)、县内各处作物成灾比例(%)、并发的自然灾害、造成的其他损失、资料来源、调查点名称和地理特征、品牌名称、前茬作物、播种期、所处发育期、土壤状况、产量水平、品种类型熟性和栽培方式、调查员、校对员”→保存。

8. 产量结构分析

数据录入→产量结构分析→新增→依次录入“分析日期、项目、单位、分析结果、分析员、校对员”→保存。

9. 田间工作记载

数据录入→田间工作记载→新增→依次录入“起始日期、结束日期、项目内容、方法工具和数量、质量和效果、观测员、校对员”→保存。

10. 地段说明

数据录入→地段说明→新增→依次录入“分析日期、地段实际面积、地段总产量、单位面积产量、观测地段说明、观测员、校对员”→保存。

地段说明在输入时，换行用组合键“ctrl＋enter”，复制用组合键“ctrl＋c"，粘贴用组合键“ctrl＋v”，最好在别的地方形成文档，直接粘贴过来即可。

3.5.2 作物生长量测定

1. 灌浆速度测定

农气簿-1(作物)→作物生长量→数据录入→测定灌浆速度测定→新增→依次录入“测定日期、测定穗数、总粒数、鲜重(克)、3 次测量干重(克)、观测员、校对员”→保存。

3 次测量的干重项目可以根据实际测量次数输入；含水率(%)、千粒重由系统根据表单的内容计算，而灌浆速度由系统根据前期录入的数据进行分析计算，并填写相应的表单。

2. 植株叶面积测定

农气簿-1(作物)→作物生长量→数据录入→植株干物质重量测定→新增→依次录入“测定日期、测定发育期、样本数、样本总重、观测员、校对员”→保存。

叶面积的测量，采取单株输入方式，每株最多可以录入 20 叶的观测记录，按从上到下按叶序输入测量数据，没有记录保留空白，系统自动统计观测的每株的叶数，计算各叶的面积。

3. 植株叶面积分析

农气簿-1(作物)→作物生长量→数据录入→植株干物质重量测定→新增→依次录入“测

定日期、测定发育期、样本数、样本总重、观测员、校对员”→保存。

当某测定期通过“植株叶面积测定”页输入全部测定数据后，使用“植株叶面积分析”页分析，计算单株(茎)叶面积、1 m^2 叶面积、叶面积指数。其中，计算叶面积所需的植株密度由“作物生育状况观测”记录所得到，系统自动从已录入的作物生长状况数据库中获取数据。

4. 植株干物质重量测定

农气簿-1(作物)→作物生长量→数据录入→植株干物质重量测定→新增→依次录入“测定日期、测定发育期、样本数、样本总重、观测员、校对员”→保存。

植株密度是由“作物生育状况观测”记录所得到，若已产生，则可以直接点击该列的按钮，系统自动从已录入的作物生长状况数据库中获取，否则直接由键盘输入；各器官的样本总重在相应的“器官”栏中输入，3 次干重的测定值可根据实际测定次数的测定结果输入，本次录入若无其他“器官"测定，相应栏保留空白；株(茎)重、1 m^2 株(茎)重、含水率和生长率项目由系统自动计算并填写表单。

5. 农业气象条件鉴定

农气簿-1(作物)→作物生长量→数据录入→农业气象条件鉴定→新增→依次录入“分析日期、县平均单产(kg/hm^2)、增减产百分率(%)、农业气象条件鉴定、分析员、校对员”→保存。

在输入“农业气象条件鉴定”时，换行用组合键“ctrl＋enter”，复制用组合键“ctrl＋c"，粘贴用组合键“ctrl＋v”，最好在别的地方形成文档，直接粘贴过来即可。

6. 纪要

农气簿-1(作物)→作物生长量→数据录入→纪要→新增→依次录入“记录日期、纪要内容、记录员、校对员”→保存。

纪要栏填写可以一个记录日期一条纪要内容填写，也可以一个记录日期多条纪要内容填写。

3.5.3 大田生育状况调查

1. 大田生育状况观测调查

农气簿-1(作物)→大田生育状况调查→新增→依次录入“大田名称、观测日期、发育期、高度(cm)、密度(株数/m^2)、产量因素、生长状况评定、观测员、校对员”→保存。

本表单中的“大田名称”将与下一个表单“大田生育状况基本情况”中的“大田名称”相关联，以保证这两个表单的观测数据的完整性。

2. 大田生育状况基本情况

农气簿-1(作物)→大田生育状况调查→新增→依次录入“大田名称、作物品种名称、播种日期、收获开始日期、收获结束日期、收获单产(kg/hm^2)、生产水平、地点、调查员、校对员”→保存。

“大田名称”与上一个表单“大田生育状况观测调查”中的“大田名称”相同。

3.5.4 软件操作流程

小麦软件操作流程如图 3.2 所示。

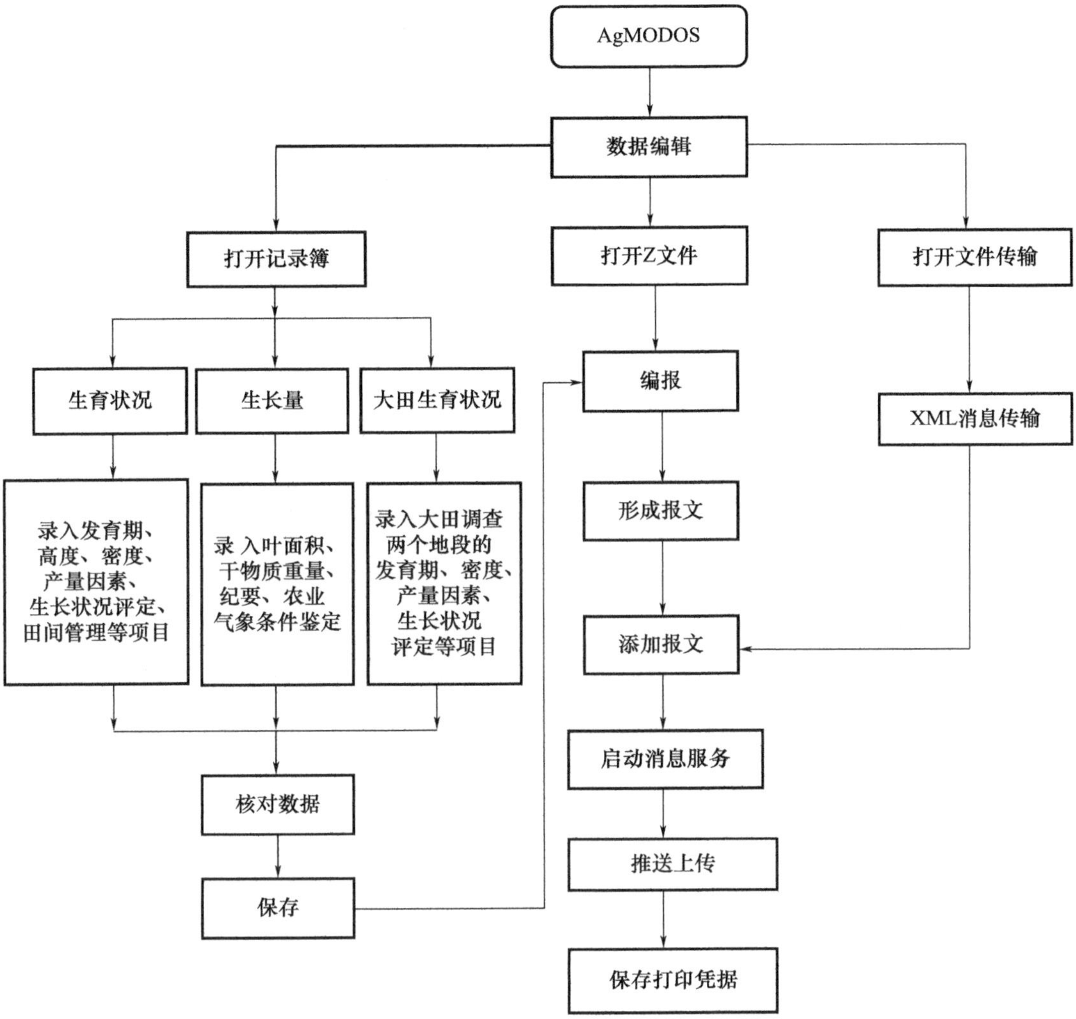

图 3.2　小麦软件操作流程

第4章　土壤水分测定

4.1　土壤湿度测定

土壤水分测定地段种类：固定观测地段、作物观测地段、辅助观测地段。

4.1.1　测定时间

固定地段：每旬第3天和第8天用中子仪各进行一次测定。

作物观测地段：作物从播种到成熟，多年生植物从第一个发育期到最后一个发育期的时段内，每旬第8天用烘干称重法测土壤湿度。

固定观测地段在下午测定，作物观测地段土壤湿度测定在上午进行。

4.1.2　计算项目

土壤重量含水率、土壤相对湿度、土壤水分总贮存量和有效水分贮存量。

特殊情况处理的规定：降水和灌溉影响取土时，可顺延到降水或灌溉停止可以取土时补测，当顺延日期超过下旬第3天时，则不再补测。

4.1.3　烘干称重法测定土壤湿度

烘干称重法是用土钻从观测地段取回各个要求深度所有的重复的土样，称重后送入一定温度的烘箱中烘干再称重，土壤含水率与干土百分比即为土壤重量含水率。

仪器工具：土钻、盛土盒、刮土刀、提箱、电子秤、烘箱。

盛土盒盒身、盒盖应标上号码，号码要一致，每年第一次取土前应称量盛土盒的重量，以克为单位，取一位小数。电子秤要定期送往计量部门检定。

1. 测定顺序

① 下钻地点的确定：观测地段分成4个小区，作上标志，每次取土各小区取一个重复样本，取土下钻地点应距前次测点1～2 m且在两行作物中间。

② 钻土取样垂直顺时针下钻，按所需深度，由浅入深，顺序取土当钻杆上所刻深度达到所取土层下限并与地表平齐时，提出土钻，即为所取土层的土样。将钻头零刻度以下和盒土钻开口处的土壤及钻头口外表的浮土去掉，然后将钻头平放，采用剖面去土的方法，迅速地用小刀刮去土样40～60 g，放入盛土盒内，随即盖好盒盖，再将钻头内余土刮净并观测记录该土层的土壤质地。按上述步骤依次取出各个重复各个深度的土样。每个重复的土样取完后将剩余的

土按原来对于层顺序填入钻孔中。

③ 称重与湿土共重，土样取完带回室内，擦净盛土盒外表泥土，校准天平后逐个称重，以克为单位，取1位小数，然后复称检查一遍。

④ 烘烤土样：在核实称重无误后，打开盒盖，盒盖套在盒底，放入烘箱内烘烤。烘烤温度应稳定在100～150 ℃，烘土时间的长短以土样完全烘干，土样重量不再变化时为准，具体时间视土壤性质而定。

⑤ 称盒与干土共重：烘烤完毕，断开电源，待烘箱稍冷却后取出土样并迅速盖好盒盖，进行称重，然后复称一遍，当全部计算完毕经检验确认无误时，才可倒掉土样。

⑥ 计算土壤重量含水率：

$$w=\frac{g_2-g_3}{g_3-g_1}$$

式中：w 表示土壤质量含水率（%）；g_1 表示土盒质量（g）；g_2 表示土盒与湿土共同质量（g）；g_3 表示土盒与干土共同质量（g）。

先算出各个深度每个重复的土壤重量含水率，再求出各个深度4个重复样本平均值，均取一位小数。

2. 土壤相对湿度和土壤水分贮存量的计算

(1)土壤相对湿度

以重量含水率占田间持水量的百分比表示。

$$R=\frac{w}{f_c}$$

式中：R 为土壤相对湿度（%），取整数；w 为土壤质量含水率（%）；f_c 为田间持水量，用质量含水率表示（%）。

(2)土壤水分贮存量

土壤水分总贮存量是指一定深度（厚度）的土壤总的含水量，以水层深度（mm）表示，取整数记载。

计算方法见式：$V=\rho\times h\times w\times 10$

式中：V 为土壤水分总贮存量（mm），取整数；ρ 为土壤容重（g/cm^3）；h 为土层厚度（cm）；w 为土壤质量含水率（%）。

若实际值大于田间持水量，应在备注栏逐注明。

土壤有效水分贮存量是指土壤中含有的大于凋萎湿度的水分贮存量。

计算方法见式：$u=\rho\times h\times (w-w_k)\times 10$

式中：u 为有效水分贮存量（mm），取整数；ρ 为土壤容重（g/cm^3）；h 为土层厚度（cm）；w 为土壤质量含水率（%）；w_k 为凋萎湿度，用质量含水率表示（%）。

3. 地下水位深度测定

① 测定地点：每次测定土壤湿度时进行干土层厚度的观测。目测土壤垂直剖面可见表层干燥层与下层湿土之间存在分界线，由地表到土壤干湿分界线的垂直距离即为干土层厚度，当干土层厚度≥3 cm时进行记载，单位为cm，量取4个重复样本，取其平均值作为干土层厚度的观测值，四舍五入取整。

② 测定时间：在土壤湿度测定日的上午进行。为测定正确，一般应在早晨进行，当水井水

位因灌溉或饮用等人为因素发生变化时，应在水井水位恢复到正常时进行补测。

③ 测定方法：用绳、杆、皮尺进行测量（绳、皮尺下端应系一重物），以 m 为单位，取一位小数。

4. 干土层厚度测定

干土层的深浅是干旱程度的标志，每次测定土壤时都要做干土层的测定，当干土层厚度≥3 cm 进行记载。

① 测定地点：在作物观测地段上进行。

② 测定时间：与土壤湿度测定同时进行。

③ 测定方法：在地段有代表性处，用铁铲切一土壤垂直剖面，以干湿交界处为界限用直尺量出干土层厚度，以 cm 为单位，取整数记载。如降水渗透后湿土下有干土层，仍应观测记载干土层厚度，并在备注栏注明。

5. 降水渗透深度测定

在干旱季节观测降水渗透深度，对了解旱情解除程度和分析土壤水很有意义。

① 测定地点：在观测地段上进行。

② 测定时间；在土壤干土层（包括湿土层下的干土层）厚度≥3 cm，日降水量≥5 mm 或过程降水量≥10 mm，降水后根据降水量大小，待雨水下渗后及时测定。

4.2 土壤水文、物理特性测定

土壤水文特性（常数），亦称土壤农业水文特性，表明土壤水分对植物的有效程度、土壤持水能力以及土壤水分流动性的特征值，包括饱和持水量、毛管持水量、田间持水量、凋萎湿度、土壤最大吸湿度等。

土壤农业物理特性是反映土壤物理性质，决定土壤水分、空气和温度状况的特征值，包括土壤容重、比重、孔隙度等，土壤农业物理特性对土壤肥力和农业劳动生产率均有影响。

$$\rho=\frac{M\times 100}{V\times(100+w)}$$

式中：ρ 为土壤容重（g/cm^3）；M 为钻筒内湿土质量（土柱与钻筒质量—钻筒质量 g）；V 为钻筒容积，（cm^3）；w 为钻筒内土壤质量含水率（%）。

4.2.1 测定项目

开展土壤水分测定的台站都要测定土壤容重、田间持水量和凋萎湿度。

4.2.2 测定方法

该项工作技术性较强，由新疆维吾尔自治区气象局统一组织进行测定。

1. 土壤容重测定

(1)测定程序

称取容重钻钻筒重量、量取钻筒容积、挖掘土壤剖面坑、采取土样、称重及烘干、结果计算等。

(2)测定深度及重复样本

测定深度一般为 50 cm 或 100 cm，每 10 cm 分一层，各层取 4 个重复样本。先求各层次每个重复样本的土壤容重，再求平均，取两位小数。

(3)土壤容重

计算公式见式。

$$\rho=\frac{M\times 100}{V\times(100+w)}$$

式中：ρ 为土壤容重，单位为克每立方厘米(g/cm^3)；M 为钻筒内湿土质量(土柱与钻筒质量-钻筒质量)(g)；V 为钻筒容积(cm^3)；w 为钻筒内土壤质量含水率(%)。

2. 田间持水量测定

(1)测定场地准备

在测定地段用较结实的土埂围起面积为 2 m×2 m 的灌水小区。

(2)灌水前土壤湿度的测定

在灌水小区旁 1～1.5 m 处，根据所测田间持水量的土壤深度，取 2 个重复的土样，测定各层土壤质量含水率，求出所有测值的平均值。

(3)灌水

根据所测田间持水量的土壤深度和该土层内灌水前土壤湿度确定小区灌水量，所有水应在一天内分次灌完，当水分全部下渗后，盖上草席和塑料布，以防止蒸发。灌水量计算公式见下式。

$$Q=2\times\frac{(a-w)\times\rho\times s\times h}{100}$$

式中：Q 为灌水量(m^3)；a 为假设所测深度土层平均田间持水量，一般沙土取 20%，壤土 25%，黏土 27%，栗钙土 35%，黑钙土 38%，以百分值表示；w 为灌水前所测深度的各层平均土壤质量含水率(%)；ρ 为所测深度平均土壤容重，(g/cm^3)；s 为灌水小区面积，(m^2)；h 为所测深度，(m)。

(4)测定土壤湿度

当重力水下渗后开始测定土壤湿度，第一次测定土壤湿度的时间一般以灌后 1～2 d 为宜，以后每天取 1 次，每次取 4 个重复样本。

(5)确定田间持水量

每次测定土壤湿度后，逐层计算同一层次前后两次测定的土壤湿度差值，若某层差值≤2.0%，则第 2 次测定值即为该层土壤的田间持水量，下次测定时该层土壤湿度可不测定，若同一层次前后两次测定值之差>2.0%，则需继续测定，直到出现前后两次测定值之差≤2.0%时为止。

3. 凋萎湿度测定

(1)土样处理

把分层取回的土样压碎过 1 mm 孔径的筛子，然后装入玻璃容器中，每一层土样重复取 4 次样本。

(2)指示作物种子先期发芽

在播种前 2～3 d 将指示作物种子置于 15～20 ℃的室温条件下进行发芽处理。指示作物应选择对土壤湿度不足反应敏感，凋萎特征明显容易鉴别的植物，如大麦、燕麦等。

(3)配制营养液

配制含有氮、磷、钾等营养物质的营养液，营养液浓度不超过千分之一。

(4)浇营养液

用漏斗将营养液浇注于装有土样的玻璃容器中，浇注量为干土重的30%～40%，浇注时须缓慢转动容器，使土样湿度均匀。

(5)播种

在每个装有土样的玻璃容器正中，土壤表层下2～3 cm处播入一粒发芽的种子，播后盖上厚纸以防水分蒸发。待出苗后，容器口用中间剪有小圆孔的蜡纸封住，让幼苗从孔中长出，然后将容器置于光照、温度、湿度条件适宜的生长环境。

(6)测定凋萎湿度

每日观测容器内植株的发育期和生长状况，当全部叶片失去膨压卷曲或下垂，且移至湿度接近饱和的阴暗环境，叶片都没有恢复膨压时，即为稳定凋萎。此时，从容器中倒出土样，迅速清除植株及根系，立即测定土样的土壤湿度，该土壤湿度即为凋萎湿度。

4. 测定时间

土壤农业水分、物理特性要求5～10年测定一次，若因农田基本建设等原因，土壤结构和性质发生较大变化，则应及时测定。

5. 土壤水分变化评述

概述一年来该地段土壤水分的变化情况对作物生长发育满足程度及其与降水、灌溉等的关系等。

4.3 软件录入

4.3.1 土壤水分测定

AgMODOS→数据编辑→农气簿-2记录簿→土壤水分测定→土壤水分测定、土壤水分分析、土壤变化评述、地段说明、干土层、降水与灌溉→依次录入观测日期、发育期、测定深度、盒重、湿土和盒重、干土重、各测点测定值、降水日期、降水值、灌溉时间、灌溉量、观测员→核对数据→校对员→保存。

4.3.2 土壤水分、物理特性测定

AgMODOS→数据编辑→农气簿-2记录簿→土壤水文物理特性→依次录入观测日期、土壤容重、田间持水量和凋萎湿度各测点测定值、观测员→核对数据→校对员→保存。

第5章 自然物候观测

5.1 观测总则

物候观测常年进行，以不漏测物候期为原则，观测时间根据季节和观测对象灵活掌握。春季和秋季物候现象变化较快时，应隔日进行，动物的物候现象则要随时注意观测。

5.1.1 观测时间

植物物候观测时间，最好在下午。因为上午未出现的现象，当条件具备后往往在下午出现。但有些植物的开花在早晨和上午，下午就隐而不见，因此须在上午进行观测。

鸟与昆虫惯于早晨或晚间啼叫，宜在早晨或晚间注意听其鸣声。

气象、水文现象应随时注意观察记载。冻结观测宜于早晨或上午进行，解冻观测宜于中午进行。

5.1.2 观测一般规定

物候观测是以某物候现象开始出现的日期进行估算的，因此要十分重视开始期的观测。

自然物候观测要确定专人负责，不宜轮流值班，观测员因故不能观测时，应有人接替观测，切不可中断记录。

物候观测既要认真仔细，又要记录完整，观测时应随看随记，不要凭记忆事后补记，观测结果按种类和物候分别记入农气簿-3。

5.2 物候期及标准

5.2.1 木本植物(乔木、灌木)物候期标准

木本植物大致的发育期有芽膨大期、芽开放期、展叶期、花蕾或花序出现期、开花期、果实或种子成熟期、果实或种子脱落期、叶变色期、落叶期，具体的观测标准见《农业气象观测规范》中“2.1 木本植物(乔木、灌木)物候期标准”。

5.2.2 动物物候期的观测

观测记录其始见、始鸣，绝见、终鸣日期。始见、始鸣为在年中第一次见到某种鸟、昆虫、两

栖动物或第一次听到其叫声，绝见、终鸣为在一年中最后一次见到某种鸟昆虫、两栖动物或最后一次听到其叫声。近绝见、终鸣日期每看一次或听到一次鸣声都应记录，以免漏记。常见的候鸟、昆虫、两栖动物候期观测标准见《农业气象观测规范》中“2.3 候鸟、昆虫、两栖动物候期标准”。

5.2.3 气象、水文现象

需要观测和记录的气象、水文现象有霜、雪、雷声、虹、严寒开始、土壤表面解冻和冻结，具体观测方法见《农业气象观测规范》中“2.4 气象、水文现象”。

其它物候观测的植株遭受霜冻、干旱、大风等的严重损失，要记录灾害名称、发生日期，受害的植物名称和受害程度（以%表示）。记入备注栏。

气象、水文现象，凡地面观测有记录的项目，抄自地面观测记录簿、表。霜、雪的初、终日期的抄录，终日为当年春季最终日期，初日为当年秋季最初日期。如有的年份春季未出现终日，将出现在上一年的终日记入当年终日栏；注明出现年份，第二年终日栏记初日和终日 2 个日期，初日加以注明。以上情况均应在备注栏（或重要事项记载栏）注明。

每次闻雷声均应记录，每次见闪电均应记录，每次见虹均应记录。

5.3 软件录入

5.3.1 木本植物

AgMODOS→数据编辑→农气簿-3→物候观测→依次录入观测日期、观测木本植物、物候发育期、观测员→核对数据→校对员→保存。

5.3.2 气象水文现象及分项

AgMODOS→数据编辑→农气簿-3→物候观测→依次录入观测日期、气象水文现象、出现时间、观测员→核对数据→校对员→保存。

5.3.3 候鸟观测

AgMODOS→数据编辑→农气簿-3→物候观测→依次录入观测日期、观测候鸟名称、物候症状→出现时间、观测员→核对数据→校对员→保存。

5.3.4 物候分析及其他

AgMODOS→数据编辑→农气簿-3→物候观测→依次录入分析日期、物候分析、观测员→核对数据→校对员→保存。

第6章 畜牧观测

6.1 牧草与放牧家畜气象观测的组织

6.1.1 观测的目的和意义

牧草生产、牲畜生长发育、家畜疫病的发生蔓延以及畜牧业生产的各个环节都和天气、气候条件密切相关。因此,进行牧草与放牧家畜气象观测,对于充分利用有利的天气、气候条件,避免和克服不利气象条件的影响,加速牧草与家畜的能量转换,提高畜产品的产量和质量有着重要的意义。

6.1.2 观测调查内容

① 牧草发育期观测。

② 牧草生长状况观测。

③ 放牧家畜膘情和牧事活动观测、调查。

④ 气象灾害及病虫害观测、调查。

6.1.3 牧草观测地段的选择

1. 原则和要求

(1)代表性原则

观测地段所处地形、地势、土壤及牧草的种类和生产水平等应能代表该地区草场的类型,地段面积一般不小于10000 m^2。

(2)平行观测原则

观测地段与大气候观测场的地形和其他环境因素应基本相同,具备在开展牧草发育期、生长量、病虫害、土壤湿度等草地生态要素观测的同时进行大气候要素观测的平行观测条件。

2. 观测地段的划分

(1)地段分区

将观测地段划分为4个观测区域(A、B、C、D)作为4个重复样本(图6.1),每个重复样本又分为4个观测区(1、2、3、4),1年用1个观测区,循环周期为4年。以灌木、半灌木为主的地段,由于植被稀疏,不必把观测地段划成4个观测区循环,只把地段划成4个区域。

1	A	2	1	B	2
3		4	3		4
1	C	2	1	D	2
3		4	3		4

图 6.1　观测区域和观测小区的划分

(2)观测项目小区的划分

在观测区域的每个当年观测区内再根据地势、牧草分布及生长状况等按条状分成土壤湿度、发育期、高度、产量等观测小区(图 6.2)。

第 1 年	土壤湿度观测小区	第 2 年	土壤湿度观测小区
	发育期观测小区		发育期观测小区
	高度观测小区		高度观测小区
	产量测定小区		产量测定小区
第 3 年	土壤湿度观测小区	第 4 年	土壤湿度观测小区
	发育期观测小区		发育期观测小区
	高度观测小区		高度观测小区
	产量测定小区		产量测定小区

图 6.2　观测区域第 1～4 年观测小区分布图

(3)观测地段的说明

观测地段选定后,要填写地段说明,包括以下内容:

① 所在地点和所属单位。

② 在气象站的方向、距离(m)、两者海拔高度差(m)。

③ 地形(平原、山地、丘陵)、地势(平地、坡地)、地段面积。

④ 土壤状况:包括土壤质地(砂土、砂壤土、壤土、黏壤土、黏土等)、土壤性质(pH 值)。

⑤ 草场类型:分天然放牧场、割草场。

⑥ 主要共生牧草种类。

⑦ 地下水位深度(m)。

⑧ 其他。

6.2　牧草发育期观测

6.2.1　观测时间

自返青期开始至黄枯期结束,在不漏测所规定的发育期的前提下,逢双或隔日观测,并在旬末日进行观测或巡视。

6.2.2　观测地段

在牧草发育期观测小区里进行。

6.2.3 观测植株的选择

观测的牧草应是能代表当地草场类型，且为家畜喜食、产量较高的主要草种，观测种类一般不少于3种。当牧草返青(出苗)后，每种指示性牧草选有代表性的10株(丛)，灌木或半灌木，在每个区域内每种分别选择中等大小的5株(丛)，定好顺序，做好标志，进行定株观测。当选定的植株失去代表性时，应就近另选植株。

6.2.4 牧草进入发育期的百分率统计

每次观测时，除规定不需要统计百分率的发育期外都要统计所观测牧草进入某一发育期的百分率，计算结果取整数，小数四舍五入。发育期百分率计算方法如下。

$$P_{DP}=\frac{N_{DP}}{N_{TP}}\times 100\%$$

式中：P_{DP}为发育期百分率(%)；N_{DP}为固定观测牧草中进入某发育期的株(丛)数；N_{TP}为固定观测牧草总株(丛)数。

发育期的观测一般只记始期、普遍期，当进入发育期的株(丛)≥10%时为始期，≥50%时为普遍期；当某一发育期进入普遍期后即停止统计百分率。有的牧草，如莎草科的某些草种的开花、果实成熟达不到50%，则根据实际出现的植株数统计百分率。

各种牧草的返青(出苗)、果实(种子)成熟、黄枯期只根据其特征表现，估测其普遍期，不进行百分率统计。

6.2.5 各类牧草发育期及其形态特征

(1)禾本科

主要观测的发育期如下。

① 返青(出苗)：春季越冬植株露出心叶，老叶恢复弹性，由黄转青或播种植株的第一片叶露出地面。

② 分蘖：春季出现2～3个叶片后，茎下部分蘖节上形成侧茎，并露出地面1～2 cm。

③ 抽穗：穗从叶鞘顶端或侧端露出。针茅属穗子不易抽出，以针茅露出作为抽穗。

④ 开花：在穗上出现花药，散出花粉。自花授粉的花药不露出来，但在芒尖可见弯曲的花丝，也可用针将花颖拨开，如果花药破裂记为开花。

⑤ 种子成熟：穗上部变黄，籽粒变硬，呈现该品种的固有颜色，易脱落。

⑥ 黄枯：植株地上器官约有三分之二枯萎变色。

(2)豆科

主要观测的发育期如下。

① 返青(出苗)：春季越冬植株的叶子变绿，出现新的小叶或播种植株幼苗出土，两片子叶展开。

② 分枝形成：主茎基部或叶腋间产生侧芽，并形成新枝约2 cm。

③ 花序形成：叶腋间出现明显可见的花序。

④ 开花：植株上有一朵花的花瓣展开。

⑤ 果实成熟：第一批荚果和种子呈现该品种的固有颜色，籽粒变硬。

⑥ 黄枯:植株地上器官约有 2/3 枯萎变色。

(3)莎草科

主要观测的发育期如下。

① 返青:春季越冬植株从根茎上长出幼芽露出地面,出现淡绿色绿叶。

② 花序形成:在叶丛中出现浅褐色或褐色花序顶芽。

③ 开花:小穗出现黄色花药。

④ 果实成熟:小穗中小果实变硬,变干,易脱落。

⑤ 黄枯:植株地上的器官约有 2/3 枯萎变色。

(4)杂类草

天然草场上除禾本科、豆科、莎草科之外的其它各科植物统称为杂类草,主要观测的发育期如下。

① 返青(出苗):同禾本科或豆科。

② 花序形成(现蕾):同豆科或莎草科。

③ 开花:同豆科或莎草科。

④ 种子或果实成熟:种子变干,变硬,浆果果实变软有汁。

⑤ 黄枯:植株约有 2/3 的叶和茎枯萎变色。

(5)灌木、半灌木

主要观测的发育期如下。

① 返青(芽开放):春季植株花芽突起,鳞片开裂,或叶芽露出鲜嫩的小叶。

② 展叶:观测的植株有小叶展开。

③ 新枝形成:在主茎或侧枝上,出现了新生枝条长约 2 cm。

④ 开花:花序上出现开放的花朵。

⑤ 果实成熟:果实(荚果、浆果、蒴果)呈现该品种固有的颜色,种子变硬。

⑥ 黄枯:当年生枝条老化,叶片变色或触及易脱落。

6.3 牧草生长状况的观测

6.3.1 草高及草层高度观测

1. 观测时间

自牧草返青(出苗)开始,每旬末测 1 次生长高度,月末测草层高度和再生草草层高度,直至高度不再增加为止。

2. 观测地段

草高及草层高度观测均在牧草高度观测小区内进行。

3. 观测方法

(1)牧草高度观测

每种观测牧草各固定 10 株(丛),共 40 株(丛),从地面测量至伸直叶片或茎、花序的顶端(不包括芒)。匍匐茎测量其长度。

(2)草层高度观测

各小区选有代表性的5个测点,将标尺垂直地面,平视草丛,测量自然状态下的草层高度,对突出的少量叶和枝条可不予考虑。如草层的高度分为高草层和低草层两层,则需分别测量,测量的数据以分数的形式表示,分子为高草层的读数,分母为低草层的读数。

(3)再生草草层高度

测产的下一个月开始在测产样方上测量再生草草层高度,并填写测产日期。

6.3.2 牧草盖度观测

1. 观测时间

每次测定牧草产量时,先观测盖度。

2. 观测地段

多年生或一年生草类在测产小区内进行盖度观测,灌木、半灌木可在观测地段内有代表性的地方测定。

3. 观测方法

采用目测法估测植物群落的投影面积(长度)占观测区域总面积(长度)的百分比,按10等分估计,1等分为10%。四个小区取其平均值,取整数记载。

6.3.3 牧草产量观测

1. 观测时间

所观测的牧草返青,优势草生长高度≥5 cm后,每月末测定1次,直到黄枯期止,黄枯期距月末在5 d内不测。

2. 取样地段

在4个测产小区内分别取1 m^2的样方进行取样测定。

3. 观测方法

(1)测定分种牧草鲜重

将样方内观测发育期的草种按先高后低的顺序,留茬高度约3 cm,分别剪下分种称重,编好号放入布袋,对其中主要的一种要数清株数,并计算千株鲜重。牧草高度低于10 cm或枯黄期,大部分牧草种类难以辨别,只测混合草总产量。

(2)测定灌木、半灌木鲜重

测产样方内有灌木、半灌木时,取样方内所有灌丛的四分之一新生枝条装袋、称重,再将称重值乘4计算样方内灌木、半灌木鲜重。

(3)测定杂草鲜重

将样方内其余牧草(有毒和有害牧草分开)全部剪下或割下,编号装入布袋称重。有毒有害牧草不计入产量内。

(4)测定牧草干重

将装好的布袋带回站内放在通风处风干。待风干后分别称重,每隔3 d复称1次,两次称重差值与前者之比不超过2%时,后者为风干重。然后计算1 m^2各分种牧草、杂草和混合草鲜重、干重及干鲜比,均取一位小数,各产量要素计算方法如下。

$$W_{TP}=\frac{W_{FG}}{N_{TP}}\times 1000$$

式中：W_{TP}为牧草千株鲜重(g)；W_{FG}为个测产区主要草种总鲜重(g)；N_{TP}为4个测产区主要草种株数。

$$W_S = W_T / 4$$

式中，W_S为分种牧草(鲜或干)重量(g/m²)；W_T为4个测产区分种牧草(鲜或干)重量(g/m²)。

$$W_M = W_{MT} / 4$$

式中：W_M为混合草(鲜或干)重量，(g/m²)；W_{MT}为4个测产区混合草(鲜或干)重量，单位为克每平方米(g/m²)。

$$R_{DF} = \frac{W_D}{W_F} \times 100\%$$

式中：R_{DF}为牧草干鲜比(%)；W_D为牧草干重(g/m²)；W_F为牧草鲜重(g/m²)。

(5)再生草产量的测定

一年或多年生草类秋季最后一次测产时，必须把从前各次测产样方内的再生草产量分别做一次测定，只测混合草产草量，不需分种测定和计算公顷产量，再生草高度<5 cm可不测。

(6)说明

① 干旱年份，牧草生长缓慢，甚至无增长，月末仍应测产，但要在备注栏中注明。

② 在规定测产日，如遇有特殊天气(大风、大雨等)而无法进行测产，可根据情况将测产日期顺延，但需在备注栏注明。

③ 注意样品保管，勿散落和霉变。

4. 草层状况评价

从返青到种子(果实)成熟期，每月末在产量测定时，结合不同时期草层高度、盖度、密度、分枝情况、牧草产量等，以及与历年的比较，采用等级评定法，对观测地段草层状况评定一次，评定等级分优、良、中、差、很差5级。草层状况评价等级及其评价标准见表6.1。

表6.1 草层状况评价等级及其评价标准

评价等级	草层特征
优	春季返青快，枝叶生长良好，无干枯征兆，草层经济性状处于最佳状态，产量高，夏秋季盖度>80%
良	春季返青良好，夏秋季牧草发育较好，草层呈绿色，产量较高，盖度61%～80%
中	春季草层发育较正常，夏季草层高度中等，不够均匀，产量中等，夏秋季盖度为61%～80%，牧草地上生物量仅是牧草正常返青和生长发育年份的41%～60%，秋季植株变黄较早，有时草层受到天气灾害和病虫害的危害
差	春季返青生长不良，夏季牧草发育受到抑制，发育期缩短，植株矮小、稀疏，牧草产量很低，秋季大多数植株过早黄枯，新枝少，发育不良，最大盖度在21%～40%，有时草层受到天气灾害和病虫危害严重
很差	植株极少，有时不返青，盖度<20%，牧草产量极低

6.4 放牧家畜膘情和牧事活动观测与调查

6.4.1 家畜调查时间和方法

每月末在宿营地或棚圈内进行家畜头数、膘情项目的调查。家畜头数包括畜群总头数、成畜数、幼畜数。膘情调查，根据家畜特征评定膘情等级，并对膘情变化进行分析。

6.4.2 小家畜膘情观测调查

羊等小家畜膘情调查一般采用触摸法估测，有条件的可固定5只羯羊称其体重。膘情等级分上、中、下、很差4级，其评价标准见表6.2。

表6.2 草层状况评价标准

膘情等级	家畜特征
上	骶骨饱满，肌肉发达，背部、腰部和肋部有皮下脂肪沉积，腰背脊椎没有显露突出，大尾绵羊尾部有相当多的脂肪沉积
中	肌肉发达，背、腰和肋部的皮下脂肪中等，突出部分显露出来，大尾羊尾部脂肪沉积中等
下	躯体肌肉发育不良，背、腰、脊椎骨和肋部的突出部分特别明显，摸不到皮下脂肪的沉积。大尾羊尾部脂肪沉积很少
很差	瘦弱，行动不便

6.4.3 牧事活动生产性能调查

根据调查畜群种类，从以下项目中选择适合的项目进行，每旬末调查一次。

① 剪毛(抓绒)：记载剪毛日期，平均每只产毛重量(kg)。

② 挤奶：挤奶日期、日产奶量、产奶牛只，平均每只产奶总量(kg)。

③ 配种：开始日期和终止日期。

④ 驱虫药浴：开始和终止日期。

⑤ 打草：开始和终止日期。每公顷平均产草量(kg)。

⑥ 产仔：产仔日期、产仔率和成活率。产仔率R_f和成活率R_s的计算方法如下：

$$R_f=\frac{N_b}{N_{mar}}\times 100\%$$

$$R_s=\frac{N_b-N_d}{N_{mar}}\times 100\%$$

式中：R_f为产仔率(%)；N_b为产仔总数(头)；N_{mar}为育龄母畜总数(头)；R_s为产仔成活率(%)；N_d为产仔死亡数(头)。

⑦ 分群：记载具体日期和群体类型。

⑧ 去势：记载具体日期。

⑨ 断尾：记载具体日期。

⑩ 转场日期及转场距离，日行进速度。

6.5 畜牧灾害观测调查和天气气候影响评述

6.5.1 观测调查的时间、地点

当灾害出现后及时进行观测调查记载，地点以观测地段为主，结合大范围放牧场、打草场

进行调查。

6.5.2 观测调查的项目

观测调查的主要项目有灾害名称、灾害起止时间、天气气候情况、牧草受害症状、目测器官受害和植株受害程度、受害等级等；观测调查的重点有干旱、霜冻、雪灾、黑灾、冰雹、大风、病虫害、鼠害等。评价受害程度按轻、中、重、很重灾害等级记载，并描述牧草的受害症状。

6.5.3 危害程度评定标准

1. 干旱

干旱对牧草的危害程度按表 6.3 评定。

表 6.3 干旱对牧草的危害程度评定等级

等级	返青期	分蘖(枝)—成熟期	全生育期
轻	牧草返青率为 80%～90%，返青速度缓慢，植株不整齐	仅牧草基部叶片卷曲，生长发育略有迟缓，长势基本正常	牧草地上生物量为牧草正常返青和生长发育年份的 80%～90%
中	因水分亏缺，牧草返青率在 50%～80%	30%～50%牧草叶片中午时萎蔫卷曲，生长中后期中下部叶片早衰变黄，灌浆受阻，秕粒较多	牧草地上生物量仅是牧草正常返青和生长发育年份的 60%～80%
重	因水分亏缺，牧草返青率为 20%～50%	50%～80%牧草叶片萎蔫卷曲，叶色发灰，叶片干枯易脱落，生长发育严重受阻，籽粒不能正常灌浆，大部分为秕粒	牧草地上生物量仅是牧草正常返青和生长发育年份的 40%～60%
很重	因水分亏缺，牧草返青率低于 20%	80%以上牧草叶片干枯、茎秆矮小，甚至生长发育停止，籽粒正常灌浆率低于 10%	牧草地上生物量不足正常年份的 40%

2. 霜冻

霜冻对牧草的危害程度按表 6.4 评定。

表 6.4 霜冻对牧草的危害程度评定等级

等级	受害症状
轻	个别植株叶片变成褐色，叶子边缘、叶尖受害；受害率<10%
中	部分植株的叶片变成褐色，变黑、干枯；受害率为 10%～30%
重	大部分植株的叶片、花序、花蕾、未成熟果实受冻；受害率为 31%～80%
很重	植株绝大部分或全部被冻死；受害率为 81%～100%

3. 雪灾

雪灾对牧草的危害程度按表 6.5 评定。

表 6.5 雪灾对牧草的危害程度评定等级

等级	草场类型	积雪深度/cm	积雪掩埋牧草高度百分率/%	受害情况
轻	高寒草甸草场	3～5	30～40	影响牛的放牧采食，对羊的影响尚小，对马放牧无影响
	荒漠半荒漠草场	5～10	30～40	
	草甸草场	15～20	30～50	
	草原草场	10～15	30～50	
中	高寒草甸草场	6～10	41～65	影响牛、羊放牧采食，对马的影响尚小
	荒漠半荒漠草场	10～15	41～65	
	草原草场	15～20	51～65	
	草甸草场	20～25	51～65	
重	高寒草甸草场	10～15	66～80	各类家畜放牧均受影响，如防御措施不当，将造成大批家畜死亡
	荒漠半荒漠草场	15～20		
	草原草场	20～25		
	草甸草场	25～30		
很重	高寒草甸草场	＞15	81～100	家畜无法放牧
	荒漠半荒漠草场	＞20		
	草原草场	＞25		
	草甸草场	＞30		

4. 冰雹、大风

冰雹、大风对牧草的危害程度按表 6.6 评定。

表 6.6 冰雹、大风对牧草的危害程度评定等级

等级	受害症状
轻	个别植株叶、花序、花蕾、子房、未熟果实受损，植株折断
中	部分植株叶、花序、花蕾、子房、未熟果实受损，植株折断
重	大部分植株茎秆折断、倒伏，灌木、半灌木当年生枝条断落
很重	大部分植株被吹走，根系暴露或被沙土掩埋

5. 黑灾

黑灾对牧草的危害程度按表 6.7 评定。

表 6.7 黑灾对牧草的危害程度评定等级

等级	冬季连续无积雪日数/d
轻	20～40
中	41～60
重	61～80
很重	＞80

6. 病虫害

病虫害对牧草的危害程度按表 6.8 评定。

表 6.8　病虫害对牧草的危害程度评定等级

等级	受害症状
轻	个别植株叶片受害，残缺不全；受害率<10%
中	部分植株叶片、花、果实、茎受害；受害率为 10%～30%
重	大部分植株叶片、花、果实和茎受害；受害率为 31%～80%
很重	绝大部分或全部植株茎、叶受害；受害率为 81%～100%

7. 草地鼠害

草地鼠害对牧草的危害程度按表 6.9 评定。

表 6.9　草地鼠对牧草的危害程度评定等级

等级	危害程度	受害症状
1	轻	草根被挖食，有明显挖出的新土丘、洞口，占地面积<10%
2	中	草根明显被挖食，挖出的新土丘、洞口，占地面积为 10%～25%
3	重	草场严重破坏，挖出的新土丘、洞口，占地面积为 26%～50%
4	很重	草根裸露，植株大量死亡，新土丘、洞口占地面积>50%

6.5.4　牧业气象灾害、病虫害观测调查记录

牧业气象灾害、病虫害观测调查记录的内容、格式见表 6.10。

表 6.10　牧草气象灾害、病虫等灾害观测调查记录

观测日期	灾害名称	起止日期	天气气候情况	牧草受害症状	受害程度		周围草场受害情况	防御措施及效果	观测	校对
					%	等级				

6.5.5　牧业气候评述

根据观测和调查资料，评述全年光、热、水等气候条件以及各种牧业气象灾害对牧草生长发育、产量形成及畜牧业生产的影响，并与历年进行比较分析。

6.6　观测记录簿填写、示例

6.6.1　观测记录簿、表的填写

1. 农气簿-4-1 的填写

(1)封面

牧草名称，如观测的为灌木、半灌木，除填写名称外，应在名称后注明，如××(灌木)。

(2)发育期观测记录

每个小区(或区域)观测10株或5株,在表头注明观测总株数。观测时若某株进入发育期,就把株号填写在相应的小区(或区域)栏内,累计进入发育期的株数和计算百分率。没有进入发育期时只填观测日期,记明未进入下一发育期。目测项目不需统计百分率,只记载目测的普遍期。牧草发育期观测记录表见附录二中表2-2。

(3)牧草生长高度(长度)测量记录

每种观测牧草各固定10株(丛),共40株(丛),从地面测量至伸直叶片或茎、花序的顶端(不包括芒)。牧草生长高度(长度)测量记录表见附录二中表2-3。

2. 农气簿-4-2的填写

(1)观测地段、放牧场观测点说明

填写牧草观测地段及放牧场观测点说明,绘制其分布示意图。示意图标明地段及放牧场在台站的方向、地段地形、面积、小区和观测点的位置。

(2)草层高度测量记录

各小区选有代表性的5个测点,将标尺垂直地面,平视草丛,测量自然状态下的草层高度,对突出的少量叶和枝条可不予考虑。如草层的高度分为高草层和低草层两层,则需分别测量,测量的数据以分数的形式表示,分子为高草层的读数,分母为低草层的读数。

(3)再生草草层高度测量记录

测产的下一个月即开始测再生草层高度,按测产日期的早晚顺序记录。

(4)牧草产量测定记录

① 多年生或一年生牧草,对所观测品种的牧草测分种产量分别记录,记录表见附录二中表2-6,牧草分种产量测定记录表中各区的灌木、半灌木所有株丛重量记入附录二中表2-7中的灌丛分区,计算合计、平均,其余为杂草产量记入杂草栏,各种牧草(含灌丛)重量之和为混合草重,以g/m^2为单位,总产以kg/hm^2为单位。

② 再生草的产量分别记入各次测定牧草产量相应栏内。不需分种测定,记录各区混合草干重、鲜重、合计重量、平均重量(g/m^2)、干鲜比(%)。

(5)牧草覆盖度观测记录

一年生或多年生牧草覆盖度,记在再生草产量栏下方该栏内,分区以百分比表示,求其平均取整数。

(6)草层状况的评价记录

评定整个地段草层状况,记载草层等级,分别以优、良、中、差、很差记入牧草产量页平均栏内。

(7)牧草、家畜气象、病虫等灾害观测调查记录

遇有气象灾害出现后,及时观测调查,分别记入牧草(附录二中表2-8)和家畜(附录二中表2-9)受害观测、调查记录页内。

(8)天气、气候条件对牧草、家畜影响评述

根据牧草、家畜的观测、调查资料,简要综合分析天气、气候条件对牧草、家畜影响的利弊程度,与历年比较作出气候评价填入该页。

3. 农气簿-4-3的填写

(1)调查记载家畜不同类型膘情等级的头数。畜群总头数为各膘情等级成畜和幼畜头数的总和,记入纵横合计栏内。死亡头数记载上月调查到本月调查期间死亡数。有条件进行羯

羊体重观测的站记载体重项。膘情变化和病畜、死亡现象发生应分析原因，记入膘情分析栏（附录二中表2-10）。

(2)牧事活动生产性能调查

牧事活动名称、日期，活动的效果和生产情况，例如产毛量、产奶量、产仔率、成活率等，记入生产性能栏（附录二中表2-11）。

4. 畜牧气象观测年报表（农气表-4）的填写

(1)牧草观测项目的填写

① 牧草发育期

牧草名称、学名，填写经鉴定的名称。科名填写禾本科、豆科、莎草科、杂类草。灌木、半灌木应在名称后注明。

发育期在规定的发育期栏内抄录农气簿-4(1)进入发育期的日期。观测始期的发育期，以斜线分开，上面记始期，下面记普遍期。有的发育期达不到50%时，则该发育期栏记*。

② 生长高度（长度）

生长高度（长度）栏和发育期栏相连，为同一种牧草高度（长度）观测记录抄自农气簿-4-1。

③ 牧草产量

抄录农气簿-4-2牧草观测的各项数值。灌丛分种填写公顷产量。各测产区的再生草产量，分别以 g/m^2 为单位填入该区测产月份的再生草栏内。

④ 灌丛密度，将两次测得密度值，分种填入牧草产量栏的下方。合计为每公顷总株丛数。日期栏填写密度测定日期。

⑤ 草层高度、覆盖度、草层状况、采食状况

地段和放牧场观测点草层高度（自然高度）分高草层、低草层分别填写在相应的栏内。覆盖度、草层状况、采食度与草层状况一起填写在同一个日期的各栏内。草层高度和草层状况只测至种子（果实）成熟的日期，以后栏空白。采食率填入最后一次采食度栏下。再生草草层高度按测产日期分别填入。

(2)家畜观测项目的填写

畜群基本情况调查、家畜膘情调查抄自农气簿-4-3的有关内容。膘情分析的内容综合写入天气、气候对牧草家畜影响的评述中。牧事活动生产性能调查，根据农气簿-4-3的内容整理填入。

(3)牧草家畜影响的填写

牧草、家畜气象、病虫等灾害和天气气候对牧草家畜影响评述，根据农气簿-4-2、农气簿-4-3的内容整理填入。

(4)纪要栏的填写

农气表-4设有2个纪要栏，将观测簿备注栏的主要内容抄入。牧草方面的内容记入上一个备注栏，家畜方面的内容记入下一个备注栏。

6.7 软件录入

6.7.1 畜牧气象输入数据清单

AgMODOS软件畜牧气象观测数据的输入模版清单见表6.11。

表 6.11 畜牧气象输入数据模版清单

数据类型	包含输入数据模版
畜牧气象	观测地段及放牧场说明、牧草发育期、牧草生长高度、草层高度、再生草草层高度、灌木半灌木密度、灌木半灌木覆盖度、牧草分种产量、灌木分种产量、再生草产量、牧草灾害、家畜灾害、牧事活动调查、家畜膘情等级、羯羊重调查、畜群基本情况和牧草家畜影响评述

6.7.2 畜牧观测数据的录入

(1)牧草发育期观测:若牧草未进入下个发育期,“发育期”栏选择“未”项,其4个测点进入发育期的株(茎)数可不填写或输入缺省值“32744”;若牧草进入普遍期的,“是否已进入普遍期”栏的选项为“是(√)”,4个测点进入发育期的株(茎)数自动填写“32744”,发育进程百分率按“80%”计算。

(2)牧草生长高度测量:若测区某株或某小区未有牧草生长高度测量值时,可不填写,系统自动统计10株牧草的有效测量高度的合计、总和和平均值。

(3)草层高度测量:“高草层”和“低草层”必须分两次输入,测区无测量值时,可以空白,系统自动统计观测场地的草层高度的合计和平均值。若返青期接近月末,难以分辨高低草层时,只进行一个草层高度的测量,记录填写在“高草层”栏内,“低草层”栏空白,并在备注栏注明,录入系统纪要栏。

(4)计算灌木、半灌木产量时,须先输入同期灌木、半灌木密度测量值。

第7章　农业气象灾害与病虫害的观测和调查

7.1　农业气象灾害观测的规定

7.1.1　观测种类

重点观测对农作物危害大、涉及范围广、发生频率高的主要农业气象灾害。主要包括干旱、洪涝、渍害、连阴雨、雹灾、高温热害、低温冷害、霜冻、风灾等。

7.1.2　观测时间和地点

观测时间：灾害发生后及时进行，至受害症状不再加重或灾害解除为止，灾害如有加重应进行观测记载。

观测地点：在作物生育状况观测地段上进行。

7.1.3　观测和记载项目

① 农业气象灾害名称、受害期。
② 天气气候情况。
③ 受害症状、受害程度。
④ 灾前灾后采取的主要措施，预计对产量的影响，地段代表灾害类型。
⑤ 地段所在区、乡镇受害面积和比例。

7.2　主要农业气象灾害观测记载方法及内容

7.2.1　受害起止日期

干旱、洪涝、渍害以作物出现受害症状时记为灾害开始期，受害部位症状消失或不再发展时记为终止日期，其中灾害如有加重应进行记载。

连阴雨、霜冻、风灾、雹灾以灾害性天气现象发生日期记为灾害开始日期，以灾害性天气现象停止日期记为灾害终止日期；霜冻、风灾、雹灾还应在天气气候情况栏记载天气过程开始和终止时间（以时或分计）。以上灾害以台站地面气象观测记录为准。

高温热害、低温冷害以气象条件达到灾害指标首日记为灾害开始日期，以气象条件回到各地灾害指标以外的首日记为终止日期。

7.2.2 受害症状

干旱：长期无降水或降水显著偏少，造成空气干燥、土壤缺水，从而使作物体内水分亏缺，正常生长发育受到抑制，最终导致产量下降的气候现象。发生在作物水分临界期的干旱，对产量影响最大。因此，应特别注意作物水分临界期的干旱观测。

洪涝：由于大雨、暴雨引发河流泛滥、山洪暴发淹没农田，毁坏农业设施，或因雨量过于集中，农田积水造成的洪灾和涝灾。

渍害：渍害又叫湿害，由于长期阴雨或地势低洼，排水不畅，土壤水分长期处于饱和状态，使作物根系通气不良，致使缺氧引起作物器官功能衰退和植株生长发育不正常。

连阴雨：较长时期的持续阴雨天气，日照少，空气湿度大，影响作物的生长或收获。

雹灾：降雹给农业生产造成直接或间接危害。机械破坏作用使作物叶片、茎秆、籽粒遭受损伤。此外，冰雹的机械损伤引起作物各种生理障碍等间接危害。

高温热害：高温对作物生长发育和产量形成造成的损害。

低温冷害：在作物生长季节，温度在 0 ℃以上，有时可能接近 20 ℃条件下，由于作物连续处在低于其生育适宜温度或受短期低温的影响，生育推迟，甚至发生生理障碍造成减产。冷害一般在外观上不明显，不易引起人们的注意，故称“哑巴灾”，需认真观测。

霜冻：在植株生长季节里，夜间土壤和植株表面的温度下降到 0 ℃以下使植株体内水分形成冰晶，造成作物受害的短时间低温冻害。春霜冻多出现在喜温作物的出苗(移栽)之后，而秋霜冻是在喜温作物成熟之前。

冻害：作物越冬期间遇到 0 ℃以下强烈低温或剧烈变温，作物体内水分冻结而遭受冻害。

风灾：由于大风对作物造成机械性损伤和生理危害、土壤风蚀沙化、损坏农业生产设施等。

干热风：高温、低湿并伴有一定风力，导致蒸腾加剧，破坏植物水分平衡和光合作用的气象灾害。

7.2.3 受害程度

1. 植株受害程度

反映观测地段作物受害的数量。分别统计其受害、死亡百分率，方法是在受害程度有代表性的 4 个地方，分别数出一定数量(每区不少于 25)的株数，统计其中受害(不论受害轻重)、死亡株数，分别求出百分率。大范围旱、涝、冷害等灾害，植株受害程度一致，则不需统计植株受害百分率，记载“全田受害”。

2. 器官受害程度

反映植株受害的严重性。目测估计器官受害百分率。

7.2.4 灾前灾后采取的主要措施

简要记载针对相关灾害所采取措施的时间、名称、效果。如灾后施肥的时间、名称、效果等。

7.2.5 预计对产量的影响

按无影响、轻微、轻、中、重5个等级填写。中等以上应估计减产成数。

7.2.6 地段代表灾害类型

全县(市、区)范围内灾情分轻、中、重3类,记载地段所代表的灾害类型。

7.2.7 地段所在区、乡镇及全县(市、区)受灾面积和比例

通过调查记载观测作物的受灾面积(hm^2)和比例,并注明资料来源。

7.2.8 主要病虫害观测

1. 观测时间

有病虫害发生应当立即进行观测记载,直至该病虫害不再蔓延或加重为止,同时在备注栏记载地段周围情况。

2. 观测地点

在作物观测地段上进行。遇有病虫害大发生时,应在全县(市、区)范围内进行调查。

3. 观测项目和记载内容

病虫害名称:记载病虫害的中文学名。

受害期:当发现作物受病虫为害,记为开始期;病虫发生率较高,记为猖獗期;病虫害不再发展时,记为停止期。均记录具体的日期。

受害症状:记载受害器官(分根、茎、叶、花、荚果等)及受害特征。

防治措施:灾前灾后采取的主要措施,预计对产量的影响,地段代表灾害类型。

4. 观测方法

观测地段目测到有病虫害发生,当受害分布较均匀时,在受害程度有代表性的4个地方,分别数出一定数量(每区不少于25)的株数,统计其中受害(不论受害轻重)、死亡株数,分别求出百分率。

$$\text{植株受害率}=\frac{\text{受害株数}}{\text{总株数}}\times 100\%$$

$$\text{植株死亡率}=\frac{\text{死亡株数}}{\text{总株数}}\times 100\%$$

观测地段植株受害不均匀,可用目测法估计记载受害、死亡面积占整个地段面积的百分率。

器官受害的严重程度采用目测估计。叶、茎、花、小穗受害,估测受害植株中某受害器官占该器官总数的百分率。

大范围病虫害发生,植株受害程度一致,则不需统计植株受害百分率,记载“全田受害”。

7.2.9 农业气象灾害和病虫害调查

1. 调查项目

灾害发生地点(经、纬度,海拔高度等)、灾害发生时间、灾害名称、受害期、代表灾害类型、

受害症状、受害程度、成灾面积和比例、灾前灾后采取的主要措施、预计对产量的影响、成灾的其他原因、减产趋势估计、调查地块实产等。

2. 调查方法

调查地点:采用实地调查和访问相结合的方法。在灾害发生后选择能反映本次灾害不同灾情等级(轻、中、重)的自然村进行实地调查。

调查时间:以不漏测所应调查的内容,并能满足气象服务需要为原则,一般在灾害发生的当天(或第2天)及受害症状不再变化时各进行一次。

第 8 章　报表的软件制作

8.1　报表的软件制作流程

报表的软件制作流程如图 8.1 所示。

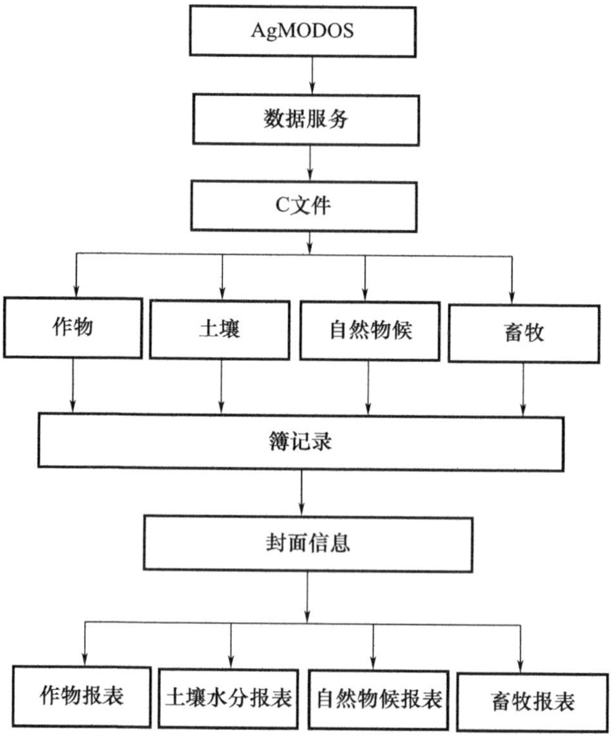

图 8.1　报表的软件制作流程

8.2　报表的校对要点及上传规定

8.2.1　农气表-1

(1)封面

封面上各项目的填写是否完整、正确，年份对跨年度的作物应填写收获时所在的年份；纬度、海拔高度是否和地面气象报表气表-1一致。

(2)发育期

① 播种日期是否填写，与田间工作记载栏的播种期是否一致。

② 检查该作物是否按规范规定的观测发育期依次填写，有无遗漏，当前后两个发育期交叉出现或在同一日出现两个发育期时，是否按发育期出现的先后顺序进行记载。

(3)植株高度

① 是否按照规范要求从开始到终止时期内各发育普遍期都进行了高度测量。

② 检查前后高度测量的数值是否有矛盾，高度变化是否合理。

③ 若稀植作物高度有倒退现象，应注意是否因观测植株失去代表性另选造成的，出现此现象是否进行了备注。

(4)植株密度

① 检查是否照规范规定的观测时间进行测定，有无早迟、缺现象。

② 是否按照规范规定的方法进行测定和计算。

③ 当密度记录变化不规律时，结合田间工作记载和有无自然灾害进行分析。如找不出原因，是否因小区失去代表性而另选的，出现此异常是否有备注。

④ 检查禾谷类作物最后1次密度测定是否分别测定了总茎数和有效茎数。

(5)生长状况评定

① 除了播种以外是否各发育普遍期都进行了生长状况评定，有无漏评。

② 评定等级是否与发育状况、植株高度、密度匹配。

③ 评定等级前后有变化，是否有备注，与田间工作记载，自然灾害等现象有无矛盾。

(6)产量因素

检查该作物产量分析项目是否有遗漏，是否和发育期对应，方法和步骤是否按规定进行，计算是否正确。

(7)大田调查

① 生产水平是否为不同于观测地段的其他两种不同生产水平的田地。

② 作物品种名称一栏，若种植作物品种和观测地段不一致此栏需填写“品种类型、熟性、作物品种名称和栽培方式”，若和观测地段种植作物品种一致，则其栏填写“作物品种名称和栽培方式”。

③ 观测调查日期是否在观测地段进入发育普期的3 d内进行。

④ 发育期、高度、密度有无漏测，是否相互对应，生长状况是否评定，产量因素项目、数值、单位是否正确，是否和发育期对应。

(8)灾害天气与病虫害

① 病虫害是否记载开始、猖獗、终止日期。

② 检查植株受害百分率与受害部位的百分率记载与统计是否正确，前者是指整个地段群体的受害状况，后者是指单株的受害状况。并注意受害状况的描述是否全面。

(9)观测地段产量分析

检查该作物产量分析项目是否有遗漏，方法和步骤是否按规定进行，计算是否正确。

(10)田间工作记载

① 检查从整地-收获的主要田间作业是否漏记，播种是否记载，时间是否和发育期的播种

时间一致。

② 检查各项主要田间工作方法质量和效果的填写是否详细。

(11)地段说明

是否按规范规定内容逐项顺序填写,共 10 项,有无遗漏。

(12)生育期间农业气象条件鉴定

① 当年光、热、水等主要气象条件对该作物全生育期和产量构成利弊程度的分析是否清楚。如冬麦应着重评述冬前、越冬期间、返青、拔节、灌浆期几个主要阶段气象条件。

② 是否综合分析和历年、上一年对比,是否说明该年是属丰年、歉年还是平年。

(13)县平均产量

是否备注了产量资料来自哪个部门,“+”“-”号是否填写。

8.2.2 农气表-2

(1)封面和观测地段

封面和观测地段说明的校对同农气表-1。

(2)土壤湿度记录

① 检查土壤湿度取土时间是否按规定进行,若固定测土地段上不是种植发育期观测的作物是否逢“8”(每月 8 日、18 日、28 日)都进行了测定。

② 在土壤干旱情况下,当降水≥10 mm 时是否补测了土壤湿度(补充测定在固定取土日前 2 d 之内,可不另行测定,否则均要测定),冬季土壤冻结深度大于 10 cm 以后,是否停止测定,开春后 10 cm 深的土层完全解冻时是否又恢复了测定。

③ 土壤湿度计算是否正确。

④ 记录有缺测时,处理是否正确。如某一深度缺一个重复样本记录,则该深度的平均值以实有重复计算,但应在备注栏说明。同一重复样本缺少 2 个重复样本或以上的记录,则不做合计、平均该栏画一条横线,并要注明。

(3)地下水位深度

当地下水位不超过 2 m 或经常在 2 m 上下变化时、检查有无漏记地下水位深度。

(4)降水、灌溉日期和量

① 日期是否为两次土壤湿度测定期间的降水或灌溉日期,是否依时间先后顺序填入。

② 降水量是否为两次测定土壤湿度期间各日降水量的总和,是否与气表-1 降水记录吻合,有无遗漏。

③ 灌溉量是否填写每亩水体积,是否和田间工作记载吻合,有无遗漏及矛盾现象。

④ 田间持水量、土壤容重、凋萎湿度数值是否有误。

(5)土壤水分变化情况评述

土壤水分周年变化规律、特点、对作物水分供需情况以及与降水和灌溉的关系等方面的评述是否清楚。

8.2.3 农气表-3

(1)封面和观测地段

封面和观测地段说明的校对同农气表-1。

(2)地理环境描述

是否按照规范观测方法及有关规定填写，有无漏填。

(3)物候期检查

草、木本植物物候期的检查与作物发育期检查方法相同。

(4)候鸟、昆虫、两栖类动物现象期

始见或始鸣、绝见或终鸣是否以最早和最晚的一个现象日期为准。

(5)气象水文现象

① 冬季降雪随降随化的地区，雪的开始融化和完全融化以积雪持续时间相对较长、量相对较大的一次记录为准。若初次积雪未出现在冬季，而出现在第 2 年春季，第 2 年开始融化栏是否记载了初次积雪和开始融化 2 个日期并把初次积雪加以注明；

② 如果春季未出现终日，是否将出现在上一年的终日记入当年终日栏并注明出现年份。若秋季未出现初日而出现在第 2 年春季，第 2 年终日栏是否记载了初日和终日 2 个日期，并初日加以注明。

8.2.4 上传规定

作物和土壤水分报表在作物收获后的 3 个月之内、物候报表在次年 1 月 31 日之前，制作并上传至新疆维吾尔自治区气象局信息中心信息审核科。

第9章　采集规定及应急处理

9.1　采集数据及上传规定

9.1.1　采集规定

数据编辑→Z文件→编报

农业气象观测站采集的数据是指农业气象观测站(含农业气象试验站)通过人工观测或仪器自动记录的数据,按一定规则录入的实时数据,包括作物要素数据、土壤水分要素数据、自然物候要素数据、畜牧要素数据、灾害要素数据和基本气象要素数据六大类。

9.1.2　浏览上传文件

数据编辑→Z文件→浏览文件

编报后,可点击文件名名称,下框里则会出现需要上传文件的编码,进行浏览。

9.1.3　上传时间规定

文件传输→XML消息传输(M)→启动消息服务→手动推送

① 农业气象观测数据必须按规定时间将观测、分析后形成的数据上传到国家气象信息中心。

② 数据通过国内气象通信系统传输。

③ 作物观测、田间工作记载等农业气象观测的日期以北京时20时为日界,周一至周日为一自然周。

④ 各类农业气象观测数据文件的上传时间按表9.1执行。当日未形成农业气象观测数据,次日无需上传。

表9.1　农业气象观测数据文件上传时间规定

农业气象观测数据上传文件	农业气象观测数据上传时间	说明
作物要素数据文件	每日北京时10时前上传前一日形成的作物生长发育观测数据	更正报必须在原有报文规定上传时间2 d内上传
土壤水分要素数据文件	每日北京时10时前上传前一日形成的土壤水分观测数据	更正报必须在原有报文规定上传时间2 d内上传

续表

农业气象观测数据上传文件	农业气象观测数据上传时间	说明
自然物候要素数据文件	每周一北京时10时前上传上一周形成的自然物候观测数据	更正报必须在原有报文规定上传时间2 d内上传
畜牧要素数据文件	每日北京时10时前上传前1 d形成的畜牧气象观测数据	更正报必须在原有报文规定上传时间2 d内上传
灾害要素数据文件	每日北京时15时前上传当日00—12时前形成的灾害观测数据;次日北京更正报必须当日上传北京时10时前上传前1 d 12—24时形成的灾害观测数据	更正报必须当日上传
基本气象要素数据文件	每逢1日、11日、21日北京时15时前上传上一旬形成的旬气象要素值;逢1日北京时15时前上传上1月更正报必须在原有报文规形成的月气象要素值(含下旬要素)	更正报必须在原有报文规定上传时间2 d内上传
年度表	在每年的5月31日前上传上1年的年度报	

9.2 农气测报软件录入及传输注意事项

① 新建观测簿需在了解作物品种名称、熟性后再建立,一旦建立并录入了内容观测簿不能删除或修改。

② 记录修改时,要先选择“允许修改”“允许删除”,方可对记录进行修改、删除。

③ 查询数据库里显示的计算项目会出现“2”,而不是“2.0”的情况,不按小数位格式显示,是数据库中的具体内容,不影响应用,也不影响报表正确输出。

④ 更正报只能允许更正上次发报的内容,否则无法判断。

⑤ 在作物参数等内容中,修改内容时,不要用全角“,”,要用半角“,”,否则报表无法识别。

⑥ 越冬作物新建电子观测本时必须选择上“越冬作物”。

⑦ 小麦分蘖期在输入茎数时,各测点须按进入发育期的总茎数减去主茎的差值进行输入。

⑧ 纪要栏填写:因报表的需要,平时的备注、纪要栏内容需要整理、归纳输入系统,所以纪要栏的内容可以在本作物观测结束后进行整理输入,并在输入的当日发出,不需要归纳整理的备注、纪要内容可以按规定时间上传。

⑨ 田间工作记载:田间管理的灌溉时间,按规范要求需要填写上午、下午等字样,在软件中无法实现,就在“方法、工具、数量和效果”栏体现,比如“上午,电力抽水……”。

⑩ 地段说明、农业气象条件鉴定、物候分析、土壤水分变化评述、纪要等:在输入资料时,换行用组合键“ctrl+enter”,复制用组合键“ctrl+c”,粘贴用组合键“ctrl+v”,最好在别的地方形成文档,直接粘贴过来即可。

⑪ 土壤水分的冻结与解冻:特殊情况下,如2022年的冬季10 cm冻结出现在2023年的1

月 2 日，在报表中应该填在 2023 年的 10 cm 的解冻栏，冻结栏空白，这种情况，可在备注栏备注，如“1.2(冻结)”，日期(月．日)的填写可填写为“1.16”的形式；春季待 50 cm 完全解冻后进行土壤水分观测，须在备注栏分别注明土壤 10 cm、20 cm、50 cm 的解冻日期。

⑫ 土壤水分备注栏：不能录入农气簿备注栏内容，农气簿备注栏内容需在纪要栏录入。

⑬ 降水或灌溉与渗透：若一旬内出现多次渗透深度，在系统输入时，同一土壤测定时期，可以不同行输入多次渗透记录保存，若一旬内出现多次灌溉或降水，在系统输入时，需输入合计值，以旬的时间段进行输入，比如 9-8 为一旬，可在 9 日或 10 日统计 29-8 或 1-8(2 月平)的降水、灌溉量后进行输入传输。

第10章　自动土壤水分观测

自动土壤水分观测仪是一种利用频域反射法原理来测定土壤体积含水量的自动化测量仪器，从传感器安装方法上区分为插管和探针两种，新疆自动土壤水分传感器均为插管式传感器。自动土壤水分观测仪可以方便、快速的在同一地点进行不同层次土壤水分观测，为干旱监测、农业气象预报和服务提供高质量的土壤水分监测资料。

10.1　数据采集规定

自动土壤水分观测仪器正常运行时自动采集观测数据。

10.2　上传、检查规定

自动土壤水分观测站各层土壤的土壤体积含水量、土壤相对湿度、土壤重量含水率、土壤有效水分贮存量等要素数据每小时00分01秒至05分00秒生成，并采取有线或无线GPRS/CDMA自动传输至新疆维吾尔自治区气象局信息网络中心，再由新疆维吾尔自治区气象局信息网络中心将数据打包上传至国家气象信息中心。

10.3　设备维修维护

10.3.1　观测仪器

自动土壤水分观测仪是基于现代测量技术构建，由硬件和软件组成（图10.1）。

① 硬件：分成传感器、采集器和外围设备三部分。

② 软件：分成采集软件和业务软件2种。

10.3.2　维护相关规定

① 定期巡视观测场和仪器设备。

② 每年至少1次对自动土壤水分观测仪的传感器、采集器和整机进行现场检查、校验（图10.2）。每年春季对防雷设施进行全面检查，对接地电阻进行复测。

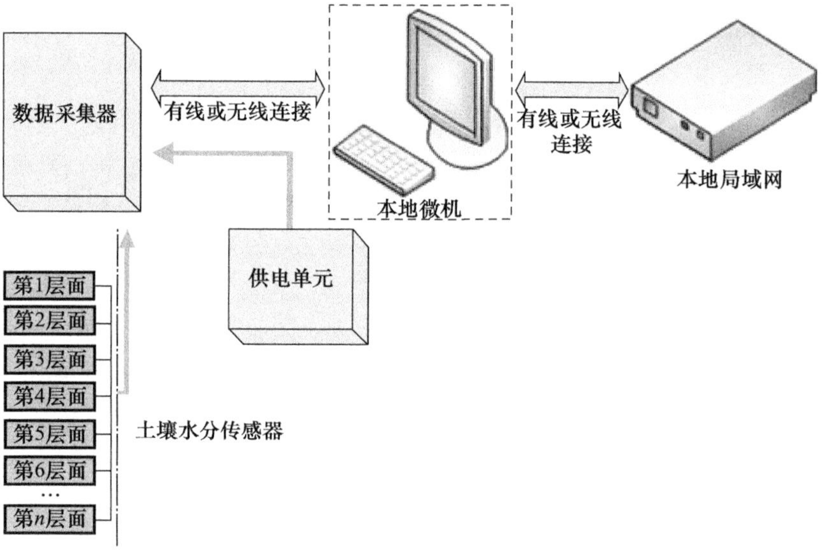

图 10.1　自动土壤水分观测仪组成

图 10.2　自动土壤水分站

③ 自动土壤水分观测仪器应每 2 年检定 1 次，不得使用未经检定、超过检定周期或检定不合格的仪器。

④ 每周到现场检查维护至少 1 次，检查、维护的情况应记入值班日志中。对观测数据有影响的还要摘入备注栏。

⑤ 每天 9 时和 17 时正点前 10 分钟通过土壤水分客户端、天元系统及 MDOS 平台查看自动土壤水分实时观测数据是否正常。

⑥ 每天 20 时检查前一天采集数据是否完整、是否存在异常数据。出现异常数据，及时处

理并向上级业务部门报告。

⑦ 备份器件、设备要有专人保管，存放地方要符合要求，传感器要完好，不要超检。

10.3.3 维护注意事项

① 自动土壤水分观测站须保持和周围大田环境一致(耕、种、灌、收)。

② 定期检查防护管密封情况。

③ 定期检查防护管零点变化情况。

④ 每年需要把传感器从 PVC 管中取出，检查管内是否潮湿进水，如有水滴，需要清除干净，定期更换探测器内干燥剂。

⑤ 当防护管周围存在龟裂时，可采取挖开、碎土、回填、夯实解决(挖开深度根据龟裂深度进行)；降水后浅锄可延迟龟裂形成。

⑥ 关注数据准确性，发现数据失真，及时查找原因。

⑦ 当太阳能光电板有灰尘、积雪或灌木遮挡时，应及时清除。

⑧ 关注蓄电池使用情况，防止因性能下降造成停机、缺测。

10.4 报表制作流程及注意事项

按要求每月月初编制上个月的自动土壤水分月报表，自动土壤水分报表的制作步骤如下(图 10.3)。

① 新建 S 文件(月报表数据文件)。

② 添加信息(台站基本参数、纪要信息)。

③ 从自动土壤水分数据库加载数据，生成 S 文件、保存。

④ 审核 S 文件(审核数据文件、相对湿度最大值取 100、有效水分贮存量最小值取 0)。

⑤ 审核单维护，对错误和疑误信息进行保存、打印。

⑥ 编制自动土壤水分月报表，打印输出。可将报表文件另存为 Excel 格式的文件、文本文件和图像文件。

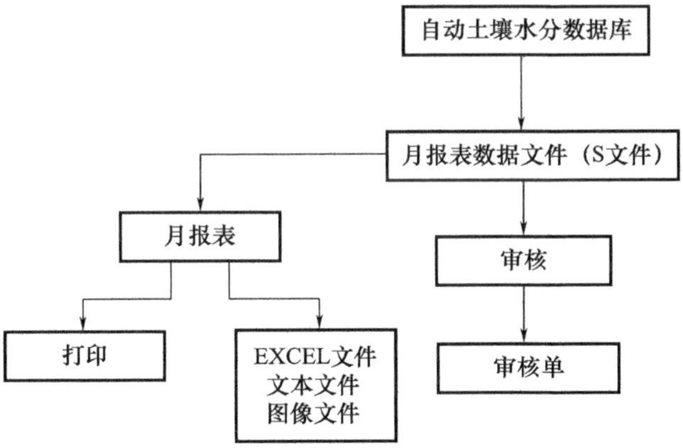

图 10.3 自动土壤水分月报表制作流程图

10.5 浏览软件的使用

自动土壤水分观测浏览软件用于自动土壤水分的分析、研究，目前实现了对土壤重量含水率、体积含水量、土壤相对湿度和有效水分贮存量四种自动土壤水分要素的区域水分分布图、多层逐时曲线图和多站逐时曲线图3种显示方式的浏览和查询。台站业务人员可通过该软件实时浏览查询初步判断自动土壤水分仪的仪器状态。

10.5.1 通过软件监控模式判断

打开自动土壤水分浏览软件，先将浏览软件土壤水分分布图工具栏中的“视图”切换到“水分分布图”显示方式，再选择“监控模式”，其中绿色圆点标志表示完整，黄色圆点标志表示不完整，红色圆点标志表示无资料。在监控模式下，可点击右键选定日期、时次和层次来详细查询判断。

10.5.2 通过软件逐时曲线判断

① 单个或几个时次缺测：初步判断为日照较短太阳能供电不足、蓄电池亏电、手机卡信号不稳定、中心站服务器故障(情况极少)、网络传输过程中丢失等。

② 全天资料缺测：初步判断为蓄电池亏电、手机卡欠费、采集器主板损坏、太阳能控制器未处于工作状态(正确的指示码为“6.”)、仪器被盗等。

③ 单个层次数据缺测：初步判断为该层传感器损坏、排线未插好。

④ 全部资料缺测：初步判断为蓄电池亏电、手机卡欠费、采集器主板损坏、太阳能控制器未处于工作状态(正确的指示码为“6.”)、仪器被盗等。

⑤ 曲线跳变：曲线的跳变意味着数据的非正常变化，此类跳变多种多样，一经发现，需仔细查找原因，及时解决问题。如某站土壤水分值在多层逐时曲线上数据突然都变为0，则可初步判断为传感器已损坏。

10.6 数据监控和审核流程图

数据监控和审核流程如图 10.4 所示。

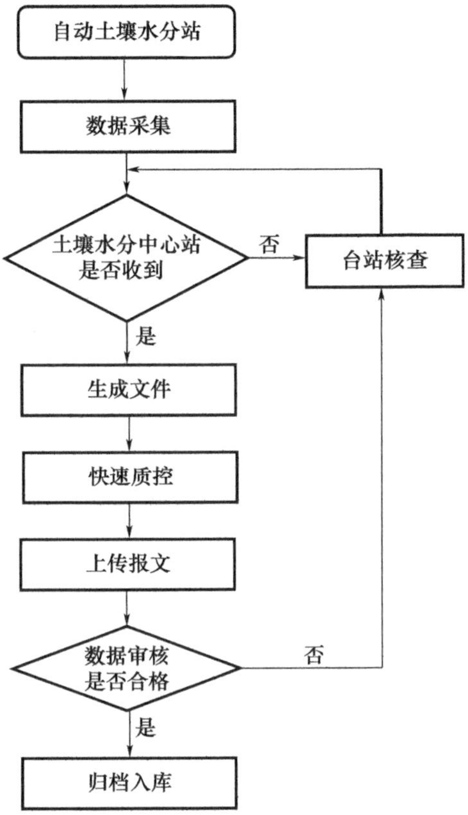

图 10.4 自动土壤水分数据监控和审核流程图

第 11 章　自动土壤水分观测仪常见故障案例分析汇总

11.1　故障现象：全部层数据跳动

如图 11.1 所示，出现全部层数据跳动故障。

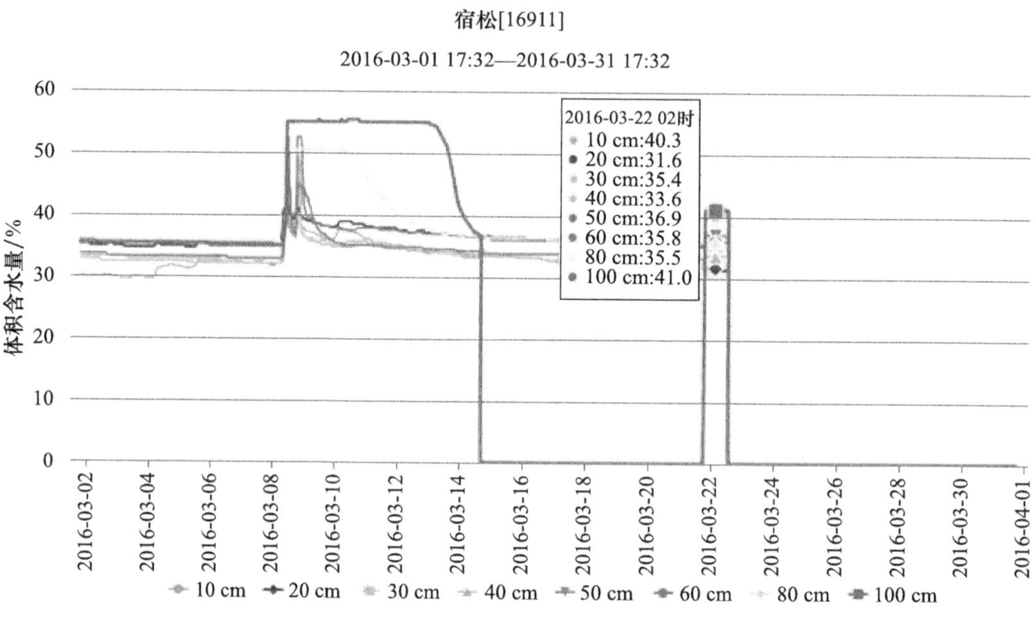

图 11.1　3 月 22 日后体积含水量全部为 0

11.1.1　传感器损坏

处理步骤 1：点击右键查看频率数据，从图 11.2 可判断传感器故障。

处理步骤 2：首先检查传感器控制板和排插连接情况（图 11.3）。

处理步骤 3：更换传感器。

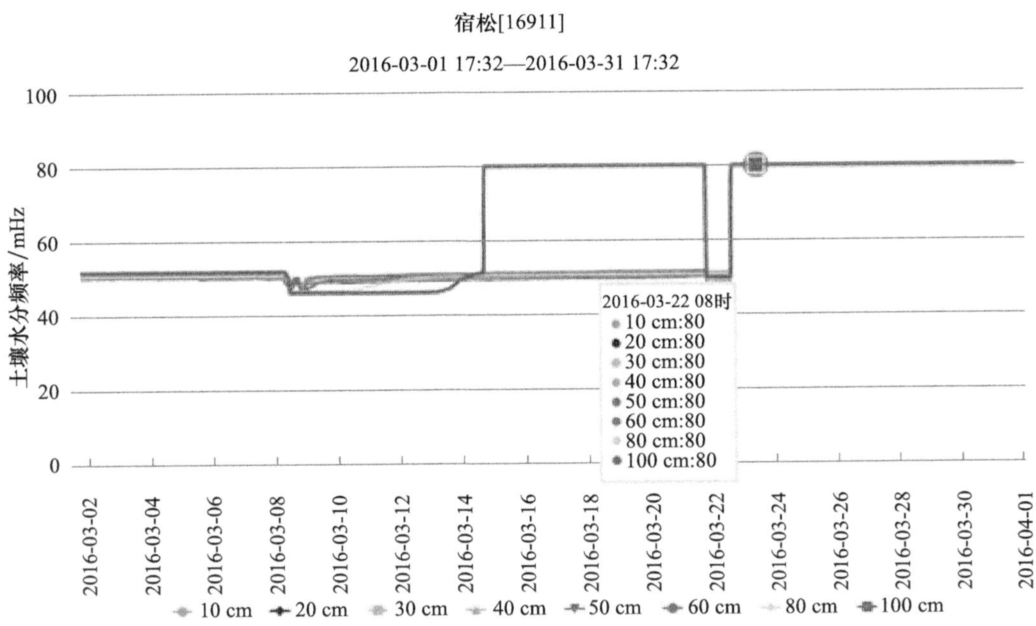

图 11.2　3 月 22 日后频率全部为 80

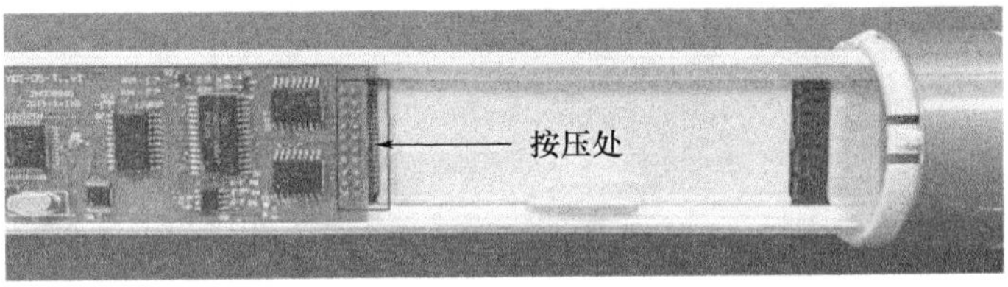

图 11.3　按压传感器控制板和排插连接牢靠

11.1.2　采集器 BUG十和传感器连接断开

如图 11.4 所示，采集器显示不正常的波动变化。

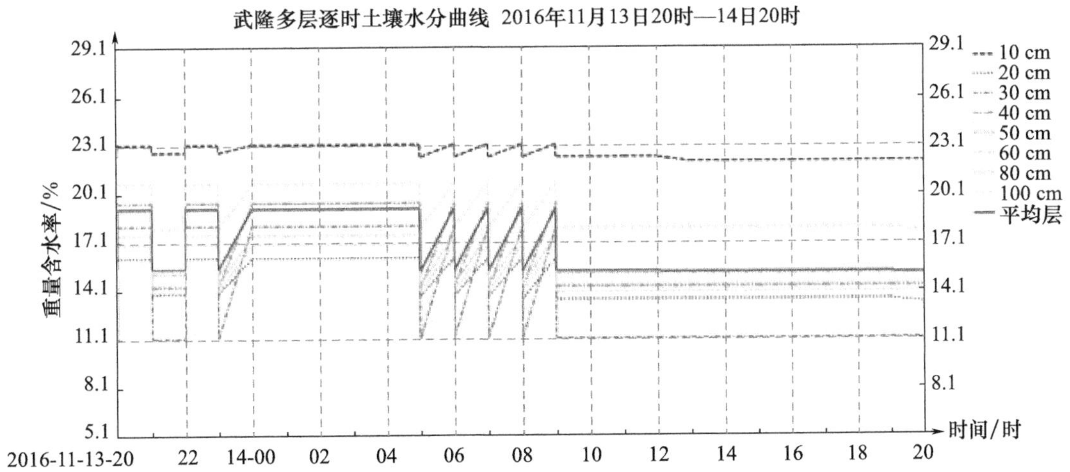

图 11.4　重量含水率出现不正常波动

处理步骤 1:拉长观测周期,从图 11.5 可知,数据周期性变化。

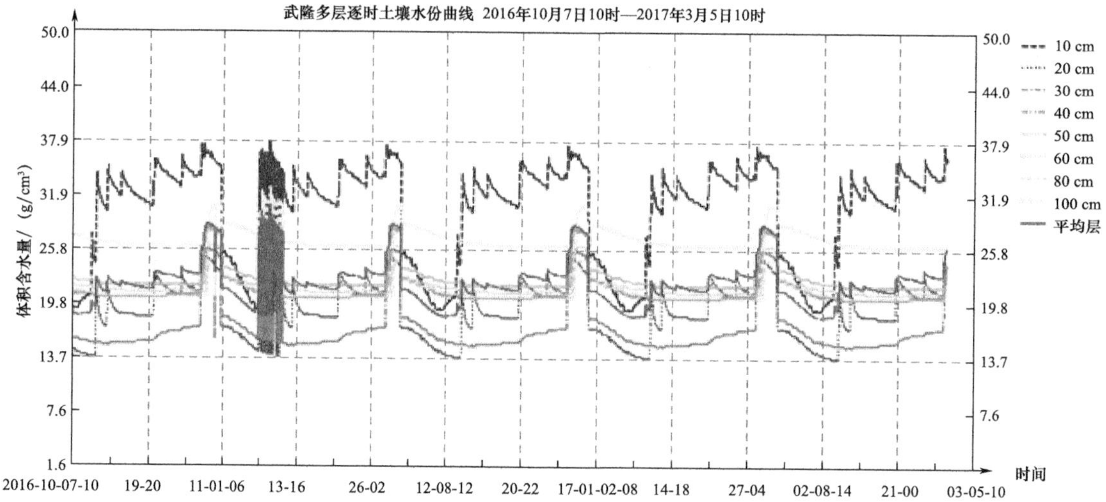

图 11.5　周期性变化

处理步骤 2:下载体积含水量数据到本地,发现同一时刻有 2 个数据(图 11.6)。

2016/11/14_06H	23.1	16.1	18.1	19.5	19.1	17.5	16.9	20.7	19.2
2016/11/14 06H	22.3	13.7	11.1	14.3	15.1	14.4	14	17.9	15.3
2016/11/14_07H	23.1	16.1	18.1	19.5	19.1	17.5	16.9	20.7	19.2
2016/11/14_07H	22.3	13.7	11.1	14.3	15.1	14.4	14	17.9	15.3
2016/11/14_08H	23.1	16.1	18.1	19.5	19.1	17.5	16.9	20.7	19.2
2016/11/14_08H	22.3	13.5	11.1	14.3	15.1	14.4	14	17.9	15.3
2016/11/14_09H	23.1	16.1	18.1	19.5	19.1	17.5	16.9	20.7	19.2
2016/11/14_09H	22.3	13.5	11.1	14.3	15.1	14.4	14	17.9	15.3
2016/11/14_10H	23.1	16.1	18.1	19.5	19.1	17.5	16.9	20.7	19.2
2016/11/14_11H	23.1	16.1	18.1	19.5	19.1	17.5	16.9	20.7	19.2
2016/11/14_12H	23.1	16.1	18.1	19.5	19.1	17.5	16.9	20.7	19.2

图 11.6　库里同一时刻有 2 个不同数

特征小结:

① 数据在 2 个合理值之间摆动,最后发现:低的数值是库里的,高的数值是武隆本地的。

② 将来的数据存在于库里。

③ 数据以月为周期重复。

原因:早期 912 的采集器板有瑕疵。当传感器和采集器的通信断开时,存储器中的数据会按次序上传,而且不会覆盖无当前数据。

处理步骤 3:使传感器和采集器可靠连接(图 11.7)。

图 11.7　重新确认传感器电缆连接正常

处理步骤 4：如果步骤 3 完成后，现象仍存在，升级采集器程序。

处理步骤 5：如果步骤 4 完成后，现象仍存在，更换采集器板，同时删除数据库中多余的数据。

11.1.3 采集器地址重复

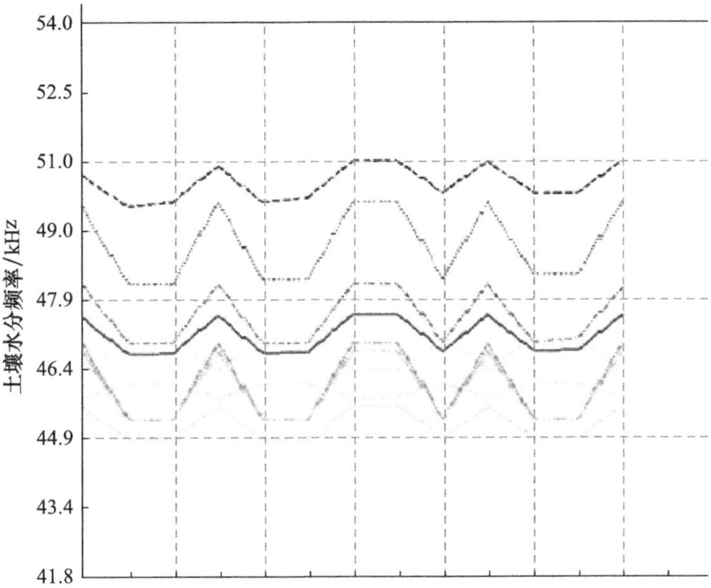

图 11.8 I1260 现象示意图

处理步骤 1：下载体积含水量数据到本地，发现某一时刻数据发生跳变(图 11.9)。

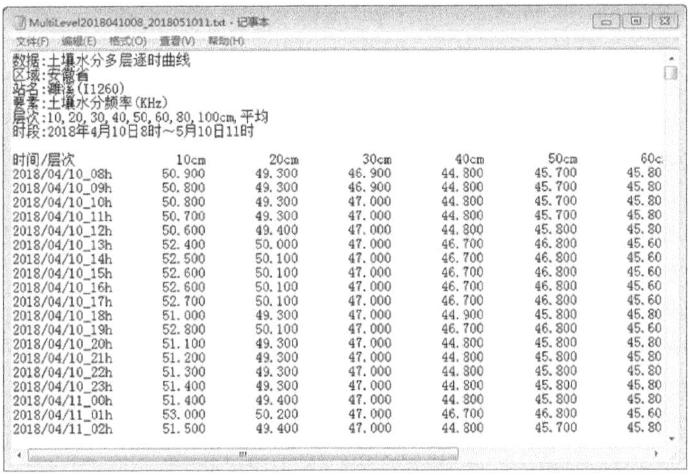

MultiLevel2018041008_2018051011.txt - 记事本

文件(F) 编辑(E) 格式(O) 查看(V) 帮助(H)

数据:土壤水分多层逐时曲线
区域:安徽省
站名:濉溪(I1260)
要素:土壤水分频率(KHz)
层次:10,20,30,40,50,60,80,100cm,平均
时段:2018年4月10日8时～5月10日11时

时间/层次	10cm	20cm	30cm	40cm	50cm	60c
2018/04/10_08h	50.900	49.300	46.900	44.800	45.700	45.80
2018/04/10_09h	50.800	49.300	46.900	44.800	45.700	45.80
2018/04/10_10h	50.800	49.300	47.000	44.800	45.700	45.80
2018/04/10_11h	50.700	49.300	47.000	44.800	45.700	45.80
2018/04/10_12h	50.600	49.400	47.000	44.800	45.800	45.80
2018/04/10_13h	52.400	50.000	47.000	46.700	46.800	45.60
2018/04/10_14h	52.500	50.100	47.000	46.700	46.800	45.60
2018/04/10_15h	52.600	50.100	47.000	46.700	46.800	45.60
2018/04/10_16h	52.600	50.100	47.000	46.700	46.800	45.60
2018/04/10_17h	52.700	50.100	47.000	46.700	46.800	45.60
2018/04/10_18h	51.000	49.300	47.000	44.900	45.800	45.80
2018/04/10_19h	52.800	50.100	47.000	46.700	46.800	45.60
2018/04/10_20h	51.100	49.300	47.000	44.800	45.800	45.80
2018/04/10_21h	51.200	49.300	47.000	44.800	45.800	45.80
2018/04/10_22h	51.300	49.300	47.000	44.800	45.800	45.80
2018/04/10_23h	51.400	49.300	47.000	44.800	45.800	45.80
2018/04/11_00h	51.400	49.400	47.000	44.800	45.800	45.80
2018/04/11_01h	53.000	50.200	47.000	46.700	46.800	45.60
2018/04/11_02h	51.500	49.400	47.000	44.800	45.700	45.80

图 11.9 数据同时跳动

问题诊断：两个站用 1 个采集器编号，实际上是两个站的数据在随机显示。

处理办法：联系中心站，打开库文件，找到这个站和这个时段，采集器地址可能有重复；检查台站信息表，修改可能存在的重复采集器地址。

11.2 故障现象:个别层数据跳动

11.2.1 传感器故障

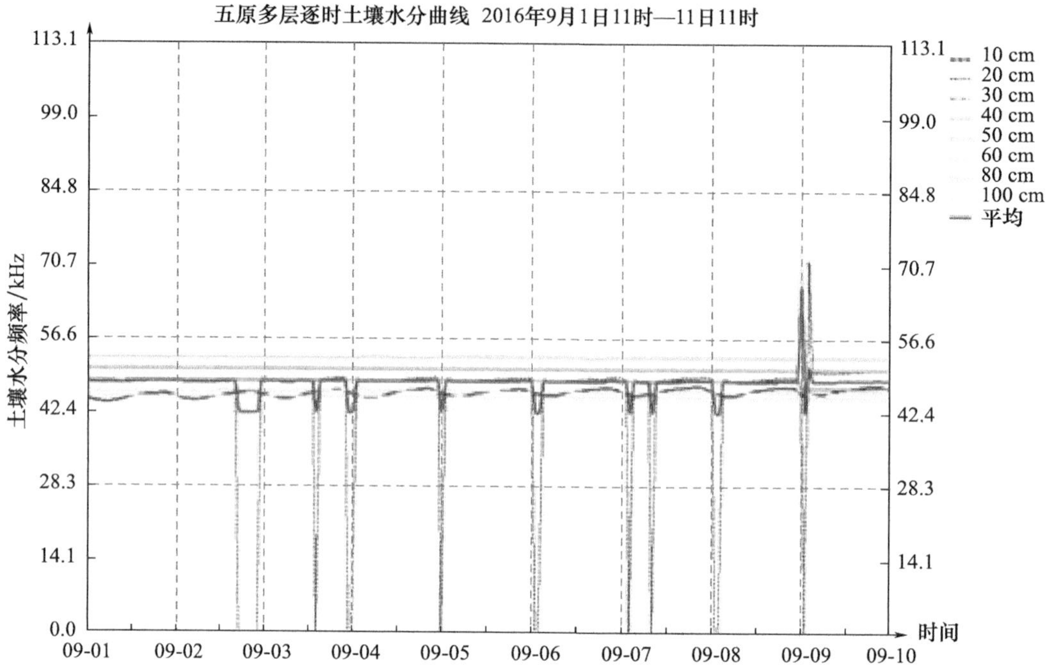

图 11.10 某层土壤水分频率经常出 0 或 80

处理步骤 1:如果某层有频率为 0 的情况出现,首先检查该层和排插的连接情况(图 11.11)。

处理步骤 2:更换该传感器。

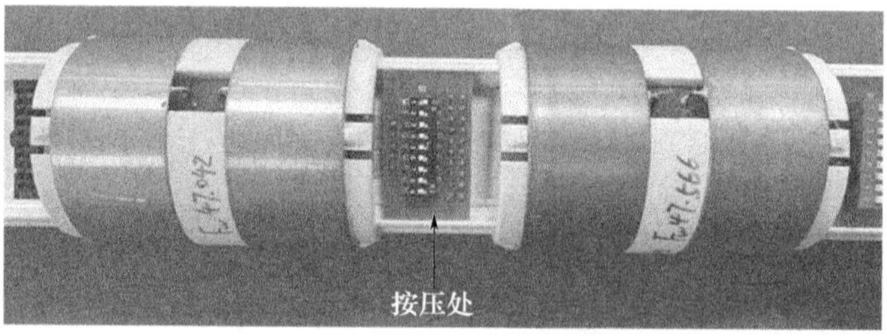

图 11.11 按压连接板,确保连接牢靠

11.2.2 其他原因引起的频率跳变

1. 传感器更换后未修改基本参数

处理步骤 1:为了看清楚,把时间范围缩短。

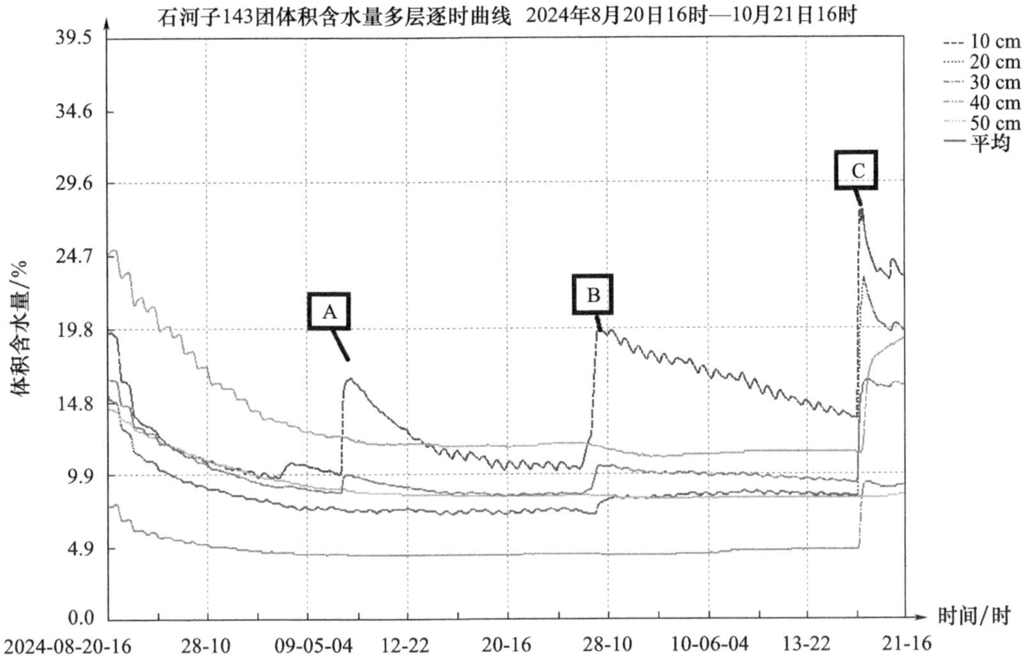

图 11.12 彭州站体积含水量，有 3 处数据跳变

处理步骤 2:查看同时刻频率数据，同样发生了跳变(图 11.13)。

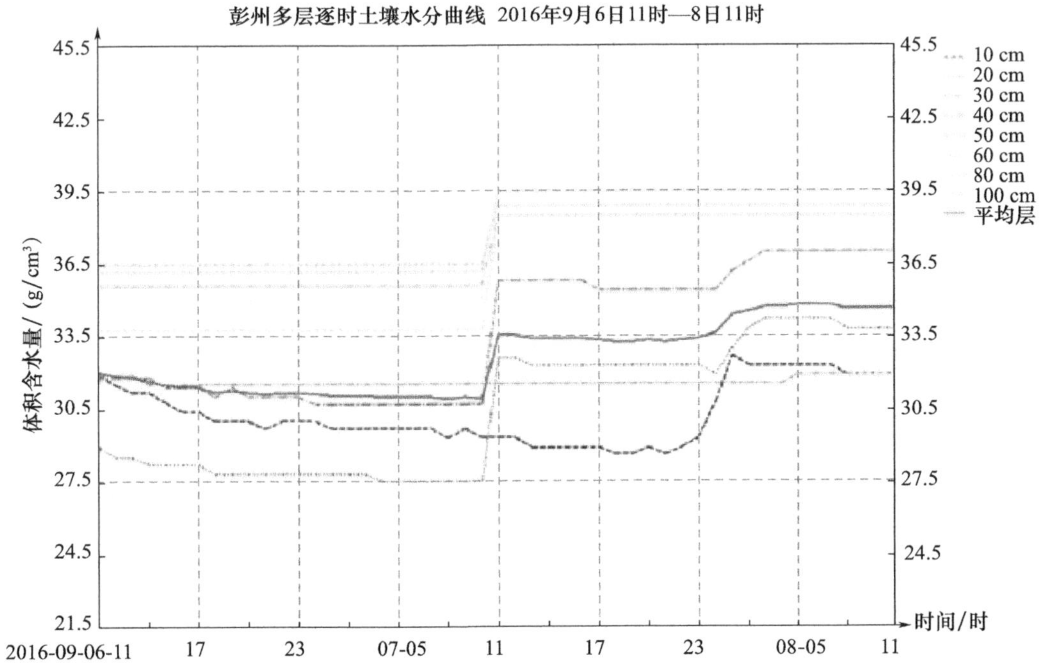

图 11.13 标签 A 处:10—11 时发生了跳变

处理步骤3:经过查看记录,发现由于参加年审该站于9月7日更换了传感器,而中心站的空气频率、水中频率却没有修改,所以计算的水分出现了跳动。

小贴士:这种现象属于沟通障碍造成的。更换传感器后要确认中心站数据及时更新。

2. 传感器周边环境异常导致降水前后频率巨变

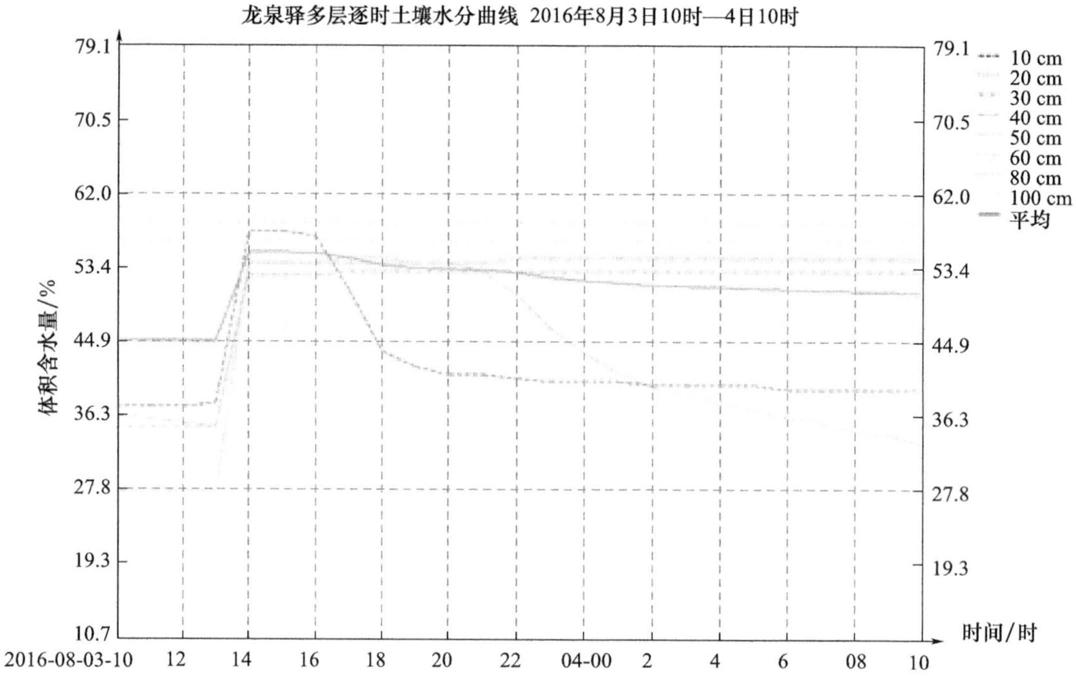

图 11.14 龙泉驿站前5层1 h变化超20

现象特征:

① 常出现在表面几层。

② 伴随着降水开始和停止时出现。

③ 当骤升或降幅异常成为质控项目时,需要重点解决。

原因:

由于土地龟裂、管土缝隙大、土中沙砾多、虫洞多,当降水发生时,表层仪器水分容易骤升。如果降水较少、很快含水量会逐层下降(图11.15)。

图 11.15 现场(沙砾、裂缝、虫洞是主要因素)

解决办法:

① 不严重或无要求时可以不用理会。

② 挖开回填处理。

③ 更换代表性土壤。

④ 杀虫除草。

11.2.3 频率不变或缓变

1. 修改基本参数

现象特征(图 11.16):

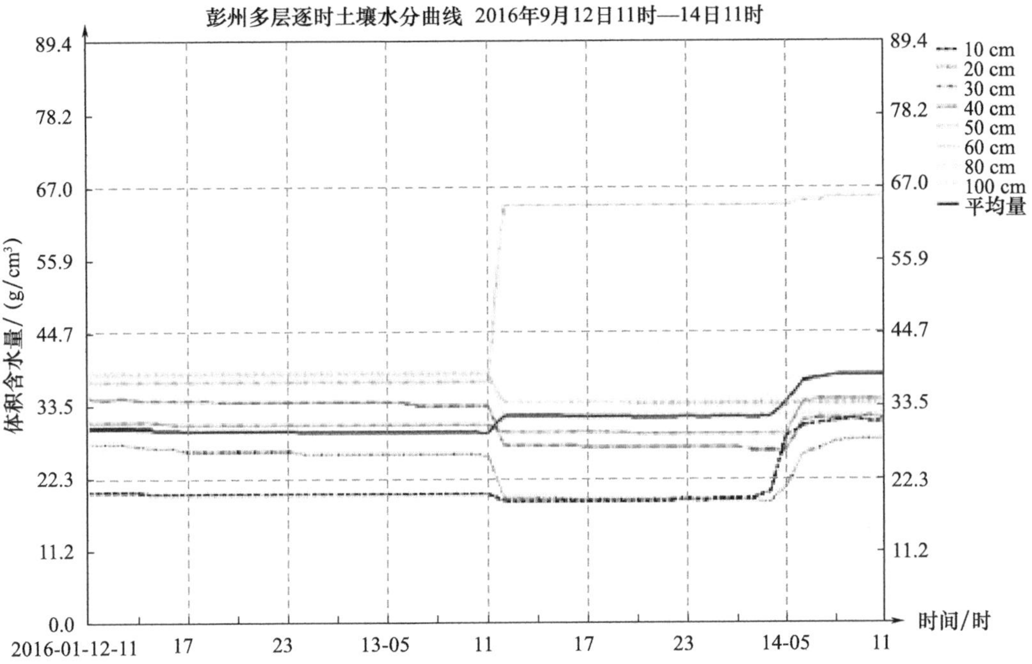

图 11.16 图 10 标签 B 处

① 水分值有变化,跳变后基本恢复到更换传感器前的水平。

② 频率不变化。

原因:经了解,中心站于 9 月 13 日更新了库中的空气频率、水中频率,所以水分值趋于正常。但是在修改的过程中,50 cm 的参数改错了,导致水分值超限,直到标签 C 处纠正后才恢复正常。

小贴士:

① 更换传感器后要及时更新数据库中的空气频率、水中频率。

② 要保证输入数据的正确性。

③ 要验证整个设备是否工作正常。

2. 地下水影响

现象特征(图 11.17):

① 汛期发生较多。

② 易发生在沙土地。

③ 多发生在降水后。

④ 从底层逐层上升。

⑤ 底层持续时间最长。

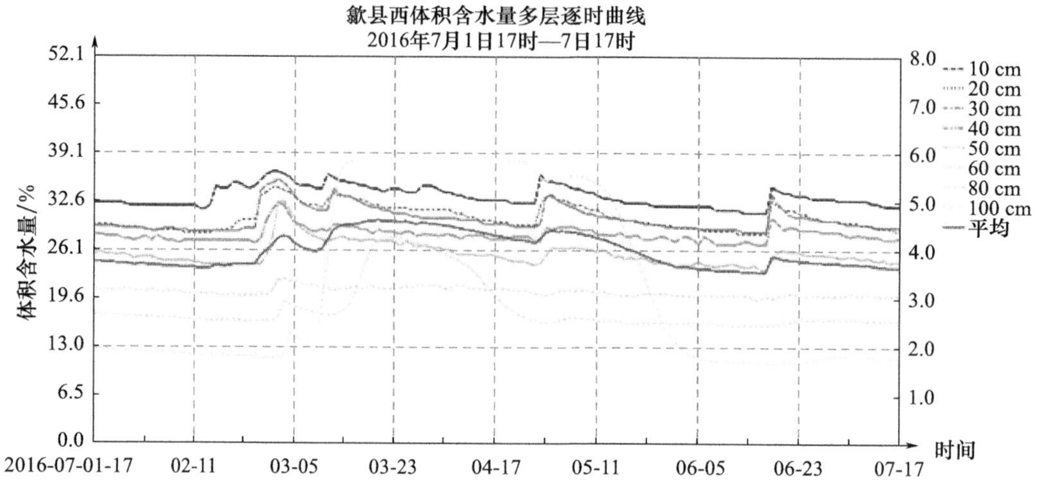

图 11.17 地下水影响一例

小贴士：

坡地土簿的站点地下径流或积水出现也会出现这种情况，可以归类为选址不合适。要想彻底解决，需要迁站。

3. 冻土的影响

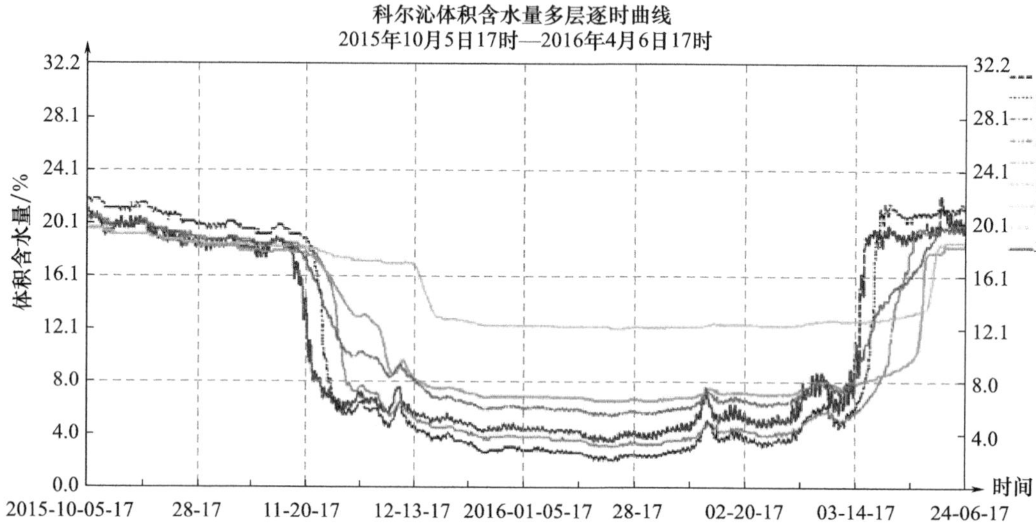

图 11.18 土壤上冻后，含水量骤降且保持在偏低值

现象特征：

随着地温降低，土壤水分由液态变为固态，从上层到下层测值逐渐降低。

随着地温升高，土壤水分由固态变为液态，从下层到上层测值逐渐升高。

冻结过程中，土壤水分有剧变。

而人工测量值基本不受土壤中水的形态的影响，所以，在冻土时进行对比观测，超限的概率就很大。

11.3 故障现象:体积含水量超过60%

当体积含水量超过60%,可能会触发天元质控中的异常或错误。这时,首先要确认中心站的标定参数是不是偏大(表11.1)。理论上来说,当标定参数D大于7.5时,采用默认模型,饱和含水量就会超过60%。

表11.1 I2399台站信息汇总(加粗的数据表示偏大)

深度	空气频率	水中频率	传感器参数A	传感器参数B	传感器参数C	数据标定参数C	数据标定参数D
10 cm	70.689	43.464	82.84	2.1	0.19	1	−2.66
20 cm	72.348	44.056	82.84	2.1	0.19	1	7.12
30 cm	70.656	42.21	70.77	1.66	0.38	1	**11**
40 cm	70.646	42.648	70.77	1.66	0.36	1	**13**
50 cm	71.202	43.549	70.77	1.66	0.33	1	5
60 cm	69.334	42.158	82.84	2.1	0.41	1	**10**
80 cm	70.678	42.637	70.77	1.66	0.42	1	**10**
100 cm	70.678	42.637	82.84	2.1	0.235	1	−0.86

其次要确认台站传感器是否被水浸没。如果周围有水,可能超限。

最后要判断台站周围是否盐碱地。最简单的方法是漫灌或饱和降水发生时检查传感器频率是否小于“水中频率”,如果是,就要修改“水中频率”。如果具备条件,可以现场测量一下本地的“水中频率”(图11.19)。

图11.19 前旗现场测定水中频率,发现比出厂值小2000

11.4 故障现象:体积含水量≤0

当体积含水量小于或等于0出现时(图11.20),首先要排除前面故障的情况。其次,要检查标定参数是否为负值，该值是否合理，这一点是这一现象出现的主要原因(表 11.2)。最好，检查传感器环境，比如探测器防护管 0 刻度露出地面(图 11.21)，出现缝隙，出现孔洞等。全疆 2011 年后所建土壤水分站传感器为“长杆探测器”。

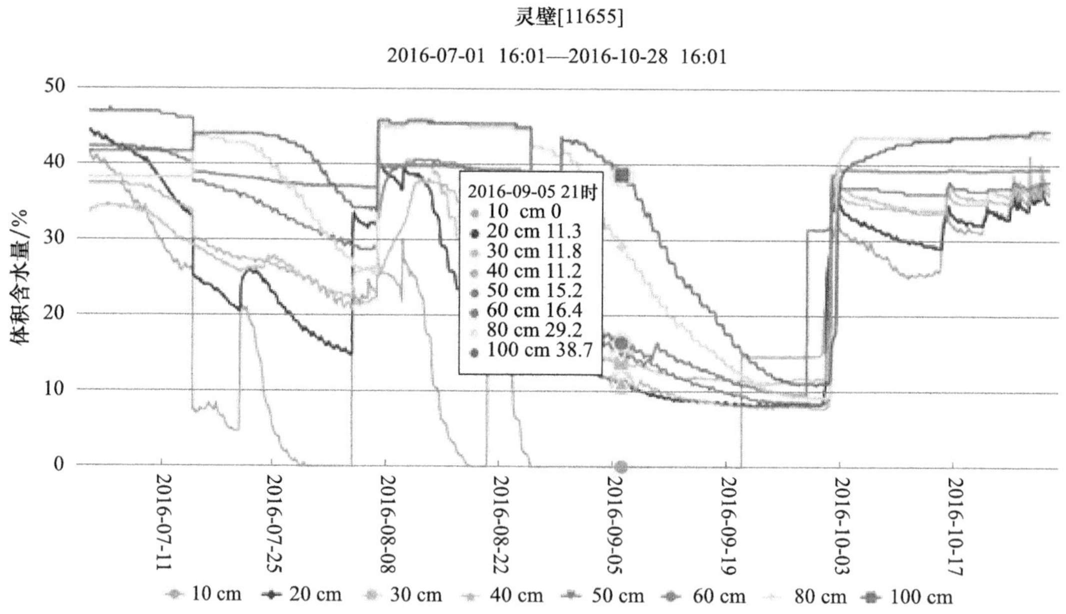

图 11.20 灵璧站 10 cm 体积含水量经常触及 0

表 11.2 修改前参数为－4.72

站号	站名	项目	修改前	修改后	修改日期	时间
I1655	灵璧	Data10CM_D	－4.72	14.4	2016-09-20	17:30

■ **探测器防护管安装高度：**

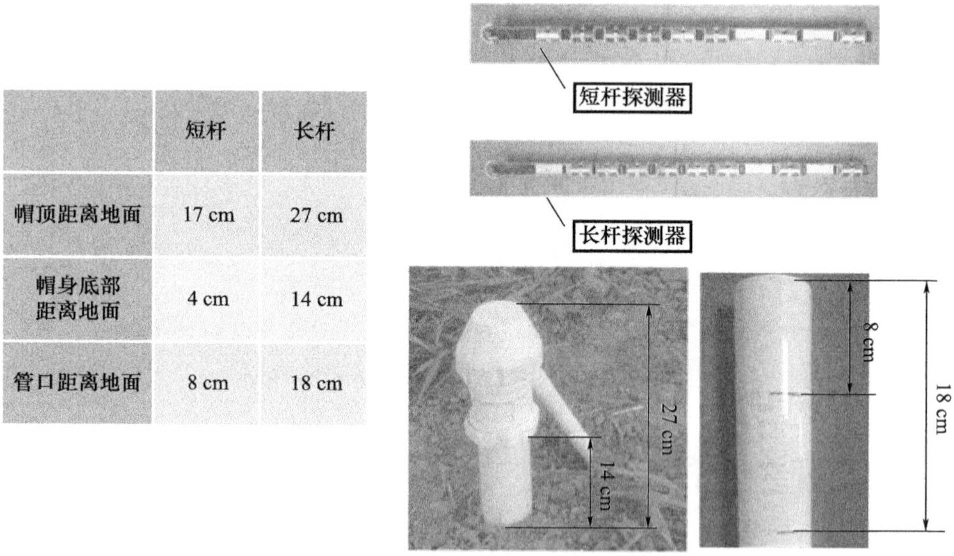

	短杆	长杆
帽顶距离地面	17 cm	27 cm
帽身底部距离地面	4 cm	14 cm
管口距离地面	8 cm	18 cm

图 11.21 当 0 刻度露出地面时，数据偏小

11.5 故障现象:相对湿度超过100%

土壤相对湿度是重量含水率和田间持水量的百分比,二者相等时结果为100%。因此在饱和降水或积水发生时浅层相对湿度超过100%是合理的。但是,长期超过100%就需要处理。

首先按照前文方法确保体积含水量和重量含水率处于正常范围。

其次检查田间持水量是否正常。

图 11.22 福海站台站信息

2019年福海站相对湿度超限数量比较大。从图11.22台站信息中发现,50 cm土壤质地为黏土,田间持水量仅17.3,不仅和正常黏土范围相差甚远,和40 cm及100 cm的数值也相差甚远。田间持水量偏小,相对湿度必然偏大,超限概率就增大了。

出现这种情况,合规的处理方法是重新测定土壤水文、物理常数。需要注意的是,从登记的土质分布情况看,土壤成因复杂,需要选择和传感器安装位置土壤分布一致的地点重新测定土壤水文、物理常数。

11.6 故障现象:数据缺测

当“土壤水分数据收集与应用分析平台”(以下简称浏览软件)提示故障或者数据没有及时显示时,设备可能出现故障,需要进行现场排查。关于现场排查,前文涉及了一部分。

11.6.1 准备

1. 现场排查工具

现场排查所需工具如表11.3所示。

11.3 现场排查所需工具清单

序号	工具	用途说明
1	笔记本电脑	现场读取、监视数据

续表

序号	工具	用途说明
2	调试线	USB 转 232 串口线 232 串口延伸线(直通线/双母头,区域站调试使用的为“交叉线”,不行)
3	通信卡(手机卡)	判断是否是通信卡欠费、损坏等故障的排查
4	手机卡卡针	在不能确定备用通信卡是否正常、好坏情况下,拆除自带手机卡尝试
5	万用表(三用表)	测量通断、电压等
6	小号一字、十字螺丝刀	接线拆除等使用
7	其他工具	其他日常工具

2. 现场排查流程

① 对观测环境进行查看,查看是否有破坏等异样。

② 打开机箱后对设备运行指示灯进行查看,并拍照记录。

③ 重启电源,确认是否恢复。

④ 问题不明,联系厂家咨询。

3. 指示灯正常状态

指标灯正常状态如图 11.23 和图 11.24 所示。

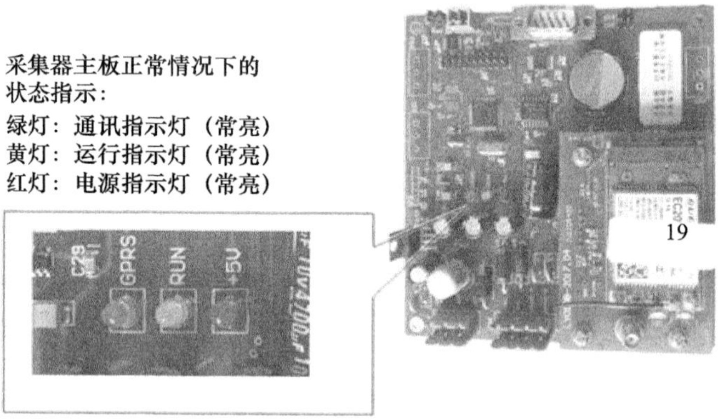

图 11.23　采集器主板指示灯正常状态

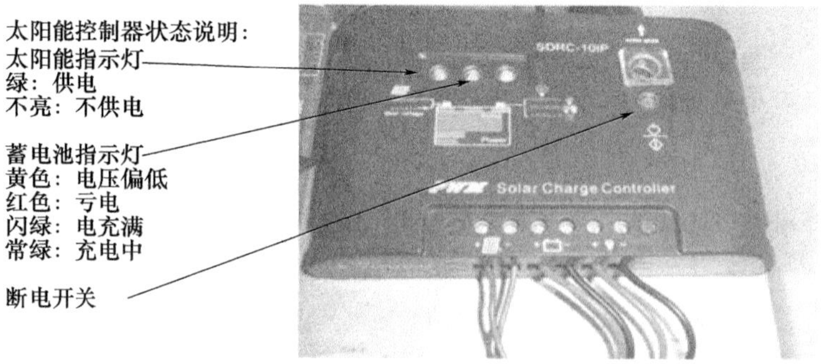

图 11.24　太阳能控制器指示灯正常状态

11.6.2 通信异常

1. 采集器主板 GPRS 灯不亮,无数据上传

① 确定通信卡(手机卡)状态。是否欠费、损坏、绑定等,更换正常手机卡测试。

② 重启电源,若恢复可能为 GPRS 网络信号质量差。

③ 手机卡接触不良,重新插拔后恢复正常。通信卡不欠费,重启仍然不上线,更换手机卡后成功登录,数据正常补抄,换回原卡,设备正常。

④ 观察采集器主板通讯模块指示灯状态。正常状态为:2G 模块 V3 灯或 NET 灯 3 s 闪烁一次,否则可能为通讯模块故障。

⑤ 2G 采集器主板的通讯模块,存在 4G 手机卡卡片较薄,导致与卡座接触不好。可尝试按着手机卡启动,观察是否恢复,后续应联系厂家进行维修。

⑥ 4G 采集器主板的通讯模块,V1 指示灯常亮,V2 指示灯不闪。该情况下,可多次尝试重启主板电源,若 V2 指示灯闪烁,则恢复,若始终不闪烁则判断为通讯模块故障,需更换。

⑦ 4G 通讯模组"金手指"变形或氧化造成的接触不良。依次拆除通讯模块、4G 模组,擦拭"金手指"(图 11.25)。

操作步骤为:①断电后拆除 4G 通信模块 3 个固定螺丝;②拆除通信模块的 4G 模组(2 个小螺丝);③擦拭"金手指"接触触点;④依次安装恢复(拆卸需避免损伤各个螺丝周边元器件)。

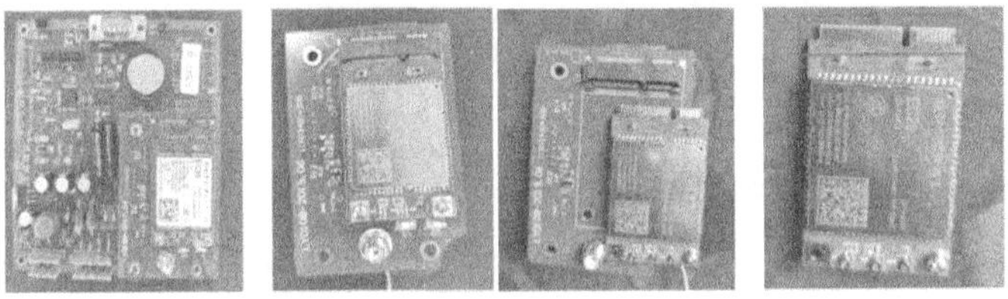

① ② ③

图 11.25 4G 通信模组拆除步骤图

⑧ 调试软件读取设置参数异常。具体表现为:采集器地址异常(0 或者 255),IP 地址和端口异常(255.255.255.255 或者 0.0.0.0),需要重新设置参数。处理方法:使用调试软件重新设置参数,可解决此问题。重新设置后,恢复正常,如果短时间内,故障重现,建议更换采集器主板。

⑨ 通过上述步骤检查后仍无法恢复,建议尝试串口调试助手观察登陆过程或联系厂家技术人员咨询。

2. 无规律通讯中断,恢复后能够补传数据完整

① GPRS 网络信号质量差,建议升级为 4G。

② 4G 通信,偶尔出现夜间离线,白天自动登录后数据正常补传。通过对上传数据日志分析,夜间采集的信号强度很低,白天恢复。排除了温度、湿度影响,认为与当地基站有关(没有确定)。

③ 4G 通信,不定时数据中断,可通过中心站对服务器日志进行筛选查看信号强度是否波动或异常,若明显波动,则需考虑目前使用当前移动运营商基站的信号强度或更换通讯模块。

④ 中心站网络故障,询问中心站确认。

3. 无规律通信中断,恢复后无法补传缺失数据

① 供电问题。故障出现时间多数为夜间或阴雨天气。

② 探测器处理板损坏。故障后无法恢复。

③ 探测器连接电缆接触不好。探测器 4 芯连接电缆中间有破损，探测器端的接线端子接触不好。

④ 采集器主板问题。

上述问题导致的数据缺测，可通过多功能调试软件“数据采集”功能对缺测时段的数据进行抄收，看是否能够补抄到 10 min 数据。

4. 升级 4G 后仍存在通信时断时续

① 查看 4G 通讯模块配套的是否是 4G 天线。若为 2G 天线则会因波段、频率的原因导致信号质量不佳，特别是在阴雨天气，信号衰减厉害容易掉线（图 11.26）。

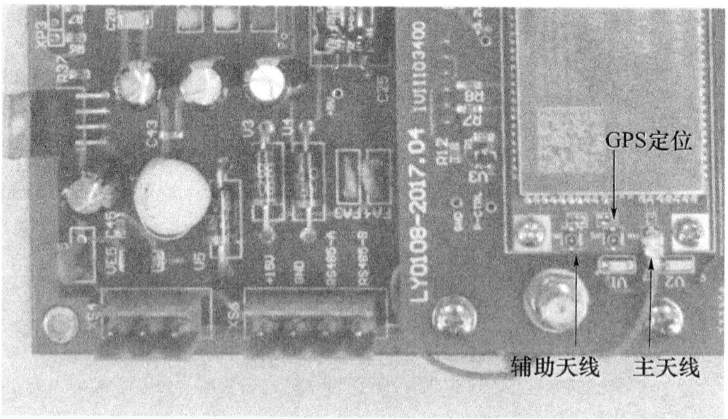

图 11.26 天线接错位置示意图

② 更换移动运营商观察（移动、联通、电信）。

③ 使用调试软件查看是否时钟正确，可对时后更换采集器主板的纽扣电池（2032）后观察。

④ 增加增益天线（咨询厂家）。

⑤ 参考“3.2.2 无规律通讯中断，恢复后能够补传数据完整”。

⑥ 4G 模块因运行时间长，稳定性下降。

⑦ 4G 通信模组“金手指”变形或氧化造成的接触不良。依次拆除通信模块、4G 模组，擦拭“金手指”，重新组装。

第一步，断电后拆除 4G 通讯模块 3 个固定螺丝。

第二步，拆除通信模块的4G模组(2个小螺丝)。

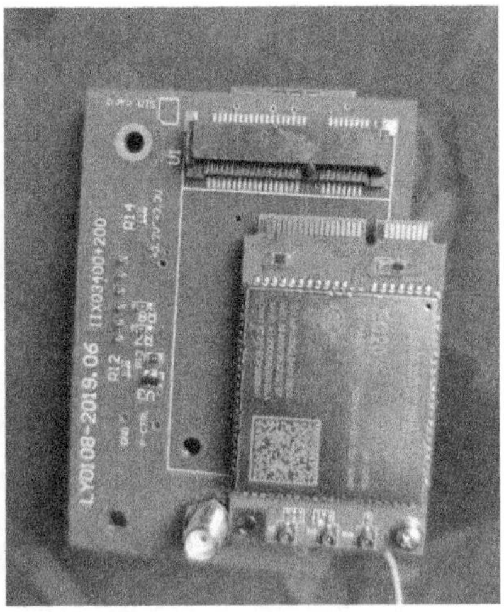

第三步，擦拭“金手指”接触触点。

第四步，依次安装恢复(拆卸需避免损伤各个螺丝周边元器件)。

11.6.3 通信正常，数据缺测

1. 00时数据缺测

00时数据正常上传，部分时间提前几秒上传，入库时把数据作为昨天23时的数据入库。造成远程可能为采集器时钟错误，建议更换采集器主板纽扣电池或更换采集器主板。

2. 全部层缺测，设备在线，重启后恢复

中心站显示该站在线，能够读取时钟，读取不到传感器信息及数据，重启后恢复，数据无法补抄。该问题，可能是采集器与探测器的电缆接线不好(接线松动、接线压着线皮)造成(图11.27)，重新接线即可恢复。

3. 全部层缺测

① 时钟错误，重新对时后恢复正常。

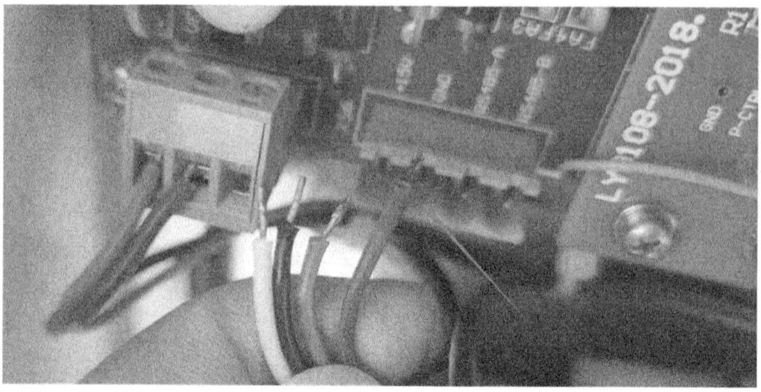

图 11.27　采集器与探测器的电缆接线不好示意图

② 现场使用笔记本电脑调试，能读取传感器标定信息，数据监视频率为 0。不考虑探测器处理板故障情况下，逐个拆除第八层至第一层传感器，是否某层传感器影响其他层。

③ 485 电缆断路。外观检查采集器与探测器的 485 通信电缆断路，中间有破损、接口接触不良，探测器端接线端子接线松动等，借助万用表测量通断。

④ 探测器损坏。现场取出探测器查看是否进水或有水珠，查找进水或密封不好的原因，重新密封。或将探测器擦干晾晒后，若恢复则应保持观察，若氧化腐蚀严重无法恢复，则应联系厂家返厂检修。

⑤ 探测器破坏。发生探测器被破坏的情况则需重新安装探测器，安装应按照规范要求进行。需要注意的是，灌浆法安装完成 7～10 d 后应人工取土对比机测值，依此判断安装是否得当。

⑥ 探测器处理板问题（图 11.28）。处理板跳线帽（短路环）脱落或松动，处理板与主排线接触不好，重新插拔恢复。

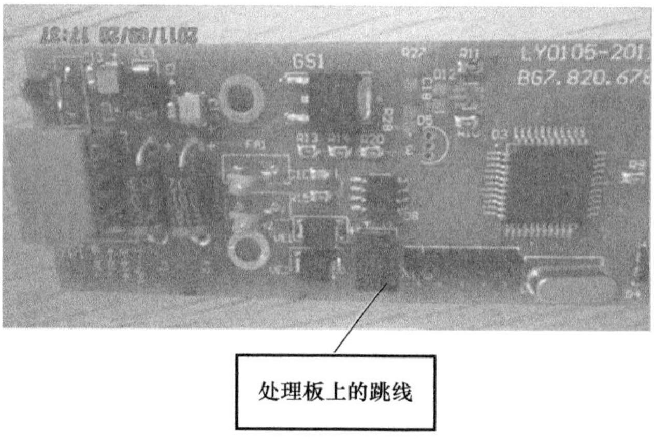

图 11.28　探测器处理板跳线示意图

⑦ 处理板故障。排除上述问题后，应考虑处理板问题，建议更换排查。

4. 某一层缺测

① 通过浏览软件查看“土壤水分频率”是否为“0”（图 11.29），是否在正常范围（Fw＜f＜Fa）。

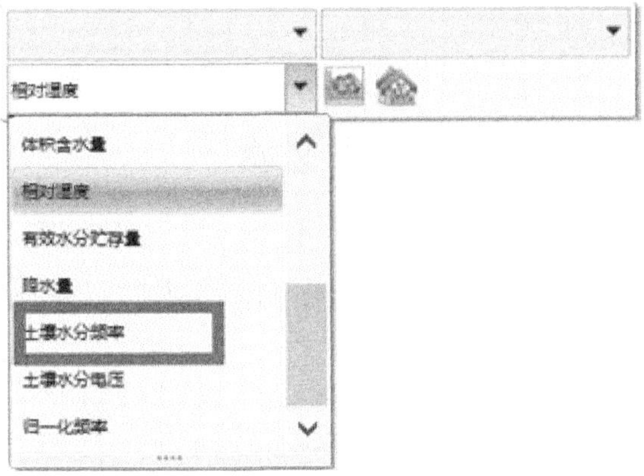

图 11.29 “土壤水分频率”查看示意图

② 通过现场对故障层传感器，检查外观，有无异样(氧化、折断)。

③ 外观无异样，进行重新插拔连接转接板。

④ 完成第 2、第 3 步仍未排除故障，则需更换相应层传感器(图 11.30)。更换传感器后，需要上报 Fa(空气中频率)和 Fw(水中频率)至新疆维吾尔自治区气象局中心站数据库进行修改。

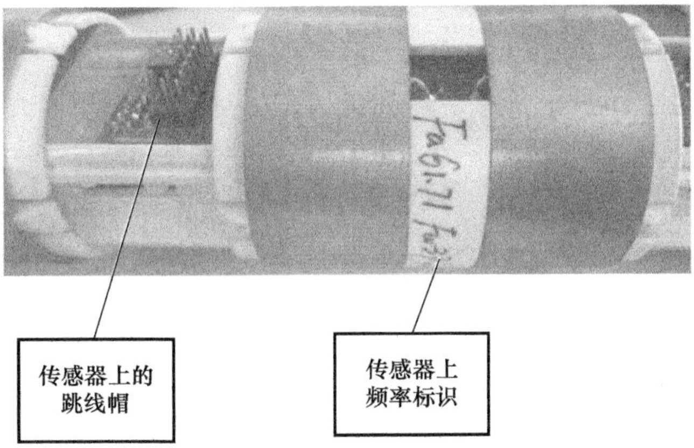

图 11.30 传感器跳线帽和频率标识示意图

小贴士：对上述问题进行排查，建议能够使用笔记本电脑，通过调试软件“数据监控”对数据实时监控，判断是否恢复(图 11.31)。

图 11.31 调试软件“数据监控”实时监控示意图

参考文献

呼伦贝尔市市场监督管理局，2023. 牧业气象观测规范：DB65/T 4724—2023[S]. 北京：中国标准出版社.

全国农业气象标准化技术委员会，2012. 北方牧区草原干旱等级：GB/T 29366—2012[S]. 北京：中国标准出版社.

全国农业气象标准化技术委员会，2017. 草地气象监测评价方法：GB/T 34814—2017[S]. 北京：中国标准出版社.

中国气象局，1988. 中国牧区畜牧气候[M]. 北京：气象出版社.

中国气象局，2005. 生态气象观测规范(试行)[M]. 北京：气象出版社.

中国气象局，2011. 农业气象观测记录报表审核办法[Z]. 北京：中国气象局综合观测司.

中国气象局，2018. 农业气象观测实用手册[M]. 北京：气象出版社.

中国气象局，2024. 农业气象观测规范(主要作物卷)[M]. 北京：气象出版社.

中国气象局综合观测司，中国气象局气象探测中心，2010. 自动土壤水分观测规范(试行)[Z]. 北京：中国气象局综合观测司.

中国气象局综合观测司，2011. 关于农业气象测报业务系统(AgMODOS)业务应用与《农业气象观测规范》统一的补充规定[Z]. 北京：中国气象局综合观测司.

中国气象局综合观测司，中国气象局气象探测中心，2017. 农业气象观测站上传数据文件内容与传输规范[Z]. 北京：中国气象局综合观测司.

中华人民共和国农业部，2006. 草原资源与生态监测技术规程；NY/T 1233—2006[S]. 北京：中国标准出版

中华人民共和国农业部，2007. 草原蝗虫调查规范；NY/T 1578—2007[S]. 北京：中国标准出版社.

中华人民共和国农业部，2016. 草地资源调查技术规程：NY/T 2998—2016[S]. 北京：中国标准出版社.